안녕~
나는 새싹이야.

나눗셈에 대해
알려줄게~

준비됐지?!!

책의 구성

1 단원 소개

공부할 내용을 미리 알 수 있어요.
건너뛰지 말고 꼭 읽어 보세요.

2 개념 익히기

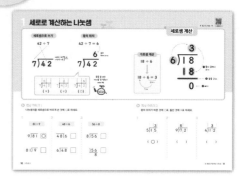

꼭 알아야 하는 개념을 알기 쉽게 설명했어요.
개념에 대해 알아보고, 개념을 익힐 수 있는
문제도 풀어 보세요.

4 개념 마무리

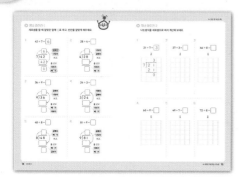

익히고, 다진 개념을 마무리하는 문제예요.
배운 개념을 마무리해 보세요.

5 단원 마무리

얼마나 잘 이해했는지 체크하는 문제입니다.
한 단원이 끝날 때 풀어 보세요.

3 개념 다지기

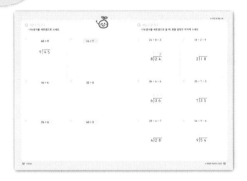

이런 순서로
공부해요!

익힌 개념을 친구의 것으로 만들기 위해서는
문제를 풀어봐야 해요.
문제로 개념을 꼼꼼히 다져 보세요.

6 서술형으로 확인

배운 개념을 서술형 문제로
확인해 보세요.

7 쉬어가기

배운 내용과 관련된 재미있는 이야기를
보면서 잠깐 쉬어가세요.

잠깐! 이 책을 보시는 어른들에게...

1. 나눗셈은 정의가 무척 중요한 연산입니다. 그 이유는 덧셈, 뺄셈, 곱셈과 달리 여러 가지 방법으로 나눗셈을 정의할 수 있기 때문입니다. 그래서 1권에서는 나눗셈의 정의와 나눗셈식이 의미하는 것이 무엇인지 자세히 살펴보았어요. 이제 2권에서는 1권에서 배운 개념을 활용하여 큰 수의 나눗셈을 배웁니다.

큰 수의 나눗셈은 큰 수의 덧셈, 뺄셈, 곱셈과 마찬가지로 세로셈으로 계산하면 편리합니다. 그래서 2권에서는 간단한 수의 나눗셈을 세로로 쓰는 방법과 함께 세로셈을 구성하는 각 부분이 무엇을 의미하는지 알려줍니다. 그리고 이를 큰 수의 나눗셈으로 확장시킵니다.

큰 수의 나눗셈은 몫을 예상하고, 확인하고, 고치는 단계를 거쳐야 하기 때문에 자칫 복잡하게 느껴질 수도 있습니다. 이 책에서는 이러한 계산을 좀 더 쉽게 할 수 있는 방법과 각 단계에서 주의해야 할 점을 짚어줍니다. <초등수학 나눗셈 개념이 먼저다> 2권을 통해 큰 수의 나눗셈의 계산 원리를 제대로 익히고, 그 방법을 확실히 연습할 수 있을 것입니다.

2. 수학은 단순히 계산만 하는 것이 아니라 논리적인 사고를 하는 활동입니다. 이 책을 통하여 나눗셈에 대해 논리적으로 사고하는 활동을 할 수 있게 해주세요. 그런데 수학에서 말하는 논리적 사고를 하기 위해서는 먼저 정의를 정확히 알아야 합니다. 수학의 모든 내용은 정의에서부터 출발합니다. 정의에서 성질도 나오고, 성질을 이용해서 계산도 할 수 있습니다. 그리고 때로는 기호를 가지고 복잡한 것을 대신 나타내기도 합니다. **수학은 약속의 학문이라는 것을 아이에게 알려주세요.**

3. 이 책은 아이가 혼자서도 공부할 수 있도록 구성되어 있습니다. 그래서 문어체가 아닌 구어체를 주로 사용하고 있습니다. 먼저, **아이가 개념 부분을 공부할 때는 입 밖으로 소리 내서 읽을 수 있도록 지도해 주세요.** 단순히 눈으로 보는 것에서 끝내지 않고 읽어가면서 공부한다면, 내용을 효과적으로 이해하고 좀 더 오래 기억할 수 있을 것입니다.

 약속해요

공부를 시작하기 전에
친구는 나랑 약속할 수 있나요?

1. 바르게 앉아서 공부합니다.

2. 꼼꼼히 읽고, 개념 설명은 소리 내어 읽습니다.

3. 바른 글씨로 또박또박 씁니다.

4. 책을 소중히 다룹니다.

약속했으면 아래에 서명을 하고, 지금부터 잘 따라오세요~

이름 : _____

차례

⚑1 ~ ⚑3 은 1권 내용입니다.

4

세로로
계산하는
나눗셈

5

(세 자리 수)
÷
(한 자리 수)

6

두 자리 수로 나누기

4

세로로 계산하는
나눗셈

	2 3			6 7
덧셈	+ 1 4		뺄셈	- 4 8
	3 7			1 9

	1 5		
곱셈	× 4		나눗셈	?
	6 0		

나눗셈도 세로셈이 있다는 거 아니?

큰 수의 덧셈이나 뺄셈, 곱셈도 세로셈으로 계산하면 편리한 것처럼

큰 수의 나눗셈도 세로셈을 이용하면 아주아주 편리하지.

자~ 그럼 **나눗셈을 세로로 쓰는 방법**부터 알려줄게!

1 세로로 계산하는 나눗셈

세로셈으로 쓰기

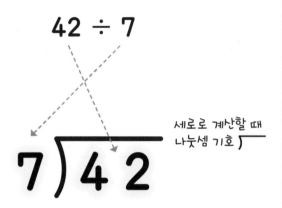

$$42 \div 7$$

세로로 계산할 때
나눗셈 기호 $\overline{)}$

몫의 위치

$$42 \div 7 = 6$$

몫은
위에 쓰기!

몫을 쓸 때는
자리를 잘 맞춰서
써야 해!

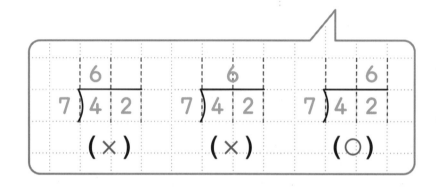

▶ **개념 익히기 1**

나눗셈식을 세로셈으로 바르게 쓴 것에 ○표 하세요.

1	2	3
$81 \div 9$	$48 \div 6$	$56 \div 8$

1. $9\overline{)81}$ ⭕ $4\,8\overline{)6}$ ☐ $8\overline{)56}$ ☐

2. $8\,1\overline{)9}$ ☐ $6\overline{)48}$ ☐ $\overline{)56} \atop 8$ ☐

▶ 정답 및 해설 1쪽

세로셈 계산

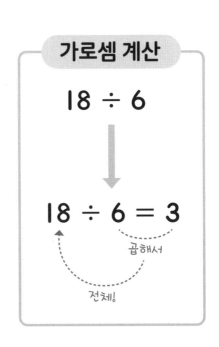

가로셈 계산

$18 \div 6$

↓

$18 \div 6 = 3$

곱해서

전체

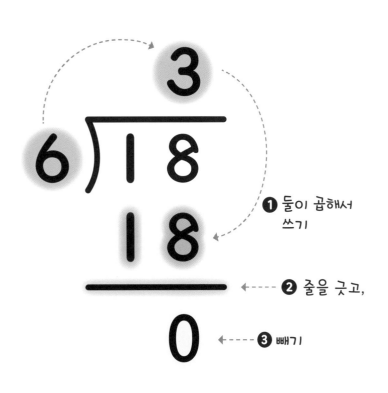

❶ 둘이 곱해서
쓰기

❷ 줄을 긋고,

❸ 빼기

▶ 개념 익히기 2

몫의 위치가 바른 것에 ○표, 틀린 것에 ✕표 하세요.

1

$$5 \overline{)\smash{\underset{}{1\ 5}}^{\ 3}}$$

(○)

2

$$9 \overline{)\smash{\underset{}{7\ 2}}^{8}}$$

(   )

3

$$4 \overline{)\smash{\underset{}{1\ 2}}^{\ 3}}$$

(   )

▶ 개념 다지기 1

나눗셈식을 세로셈으로 쓰세요.

1 | $45 \div 9$

$$9 \overline{)45}$$

2 | $14 \div 7$

3 | $16 \div 4$

4 | $32 \div 8$

5 | $24 \div 6$

6 | $40 \div 5$

● 개념 다지기 2

나눗셈식을 세로셈으로 쓸 때, 몫을 알맞은 위치에 쓰세요.

1     $24 \div 8 = 3$

$$8 \overline{)24} \quad 3$$

2     $18 \div 2 = 9$

$$2 \overline{)18}$$

3     $36 \div 6 = 6$

$$6 \overline{)36}$$

4     $35 \div 7 = 5$

$$7 \overline{)35}$$

5     $28 \div 4 = 7$

$$4 \overline{)28}$$

6     $54 \div 9 = 6$

$$9 \overline{)54}$$

세로셈을 할 때 알맞은 말에 ○표 하고, 빈칸을 알맞게 채우세요.

1 $42 \div 7 = \boxed{6}$

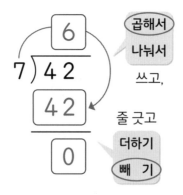

곱해서
나눠서
쓰고,

줄 긋고

더하기
빼 기

2 $28 \div 4 = \boxed{}$

나눠서
곱해서
쓰고,

줄 긋고

더하기
빼 기

3 $36 \div 9 = \boxed{}$

곱해서
나눠서
쓰고,

줄 긋고

빼 기
더하기

4 $24 \div 3 = \boxed{}$

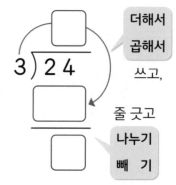

더해서
곱해서
쓰고,

줄 긋고

나누기
빼 기

5 $48 \div 8 = \boxed{}$

곱해서
빼 서
쓰고,

줄 긋고

빼 기
곱하기

6 $81 \div 9 = \boxed{}$

곱해서
나눠서
쓰고,

줄 긋고

더하기
빼 기

▶ 개념 마무리 2

나눗셈식을 세로셈으로 써서 계산해 보세요.

1

$21 \div 7 = \boxed{3}$

↓

2

$27 \div 3 = \boxed{}$

↓

3

$64 \div 8 = \boxed{}$

↓

4

$63 \div 9 = \boxed{}$

↓

5

$49 \div 7 = \boxed{}$

↓

6

$72 \div 8 = \boxed{}$

↓

2 나머지가 있는 세로셈

7 ÷ 3

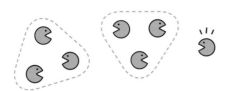

전체

7을 3씩 묶으면
나누어지는 수   나누는 수

2번 묶이고, 1이 남아요.
몫   나머지

➡ 7 ÷ 3 = 2 ··· 1

7을 3씩 묶으면 2번 묶이고, 1이 남아요.

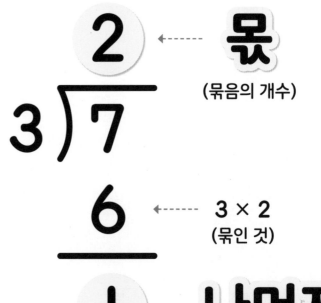

몫
(묶음의 개수)

3 × 2
(묶인 것)

나머지
(묶고 남은 것)

※ 나머지는 나누는 수보다 작아야 해

▶ 개념 익히기 1

세로셈을 보고 몫과 나머지를 쓰세요.

1

```
    5
3)16
  15
   1
```

몫 : ___5___

나머지 : _____

2

```
    3
7)25
  21
   4
```

몫 : _____

나머지 : _____

3

```
    8
5)42
  40
   2
```

몫 : _____

나머지 : _____

▶ 정답 및 해설 2쪽

나눗셈을 확인하는 방법

가로셈

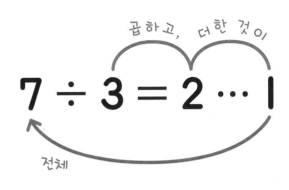

곱하고, 더한 것이

$$7 \div 3 = 2 \cdots 1$$

전체

세로셈

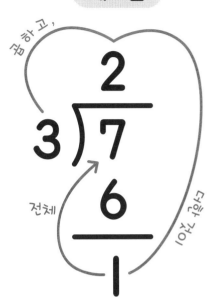

곱하고,

$$3 \overline{)7}$$
$$6$$
$$1$$

전체

더한 것이

이렇게
2개의 식으로 확인!

$$3 \times 2 = 6$$ 그대로 쓰고! $$6 + 1 = 7$$

3개씩 2묶음   남은 것 전체

▶ 개념 익히기 2

나눗셈을 확인하는 식을 만들기 위해 알맞은 말에 V표 하세요.

1

더하기 ☐
빼기 ☐
곱하기 ☑

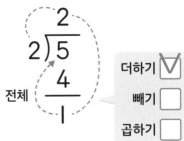

$$2 \overline{)5}$$
$$4$$
$$1$$

전체

더하기 ☑
빼기 ☐
곱하기 ☐

2

곱하기 ☐
더하기 ☐
빼기 ☐

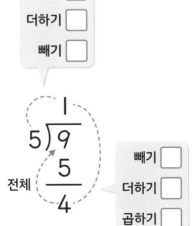

$$5 \overline{)9}$$
$$5$$
$$4$$

전체

빼기 ☐
더하기 ☐
곱하기 ☐

3

더하기 ☐
곱하기 ☐
빼기 ☐

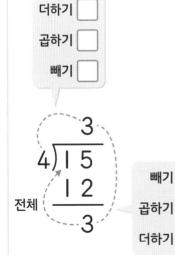

$$4 \overline{)15}$$
$$12$$
$$3$$

전체

빼기 ☐
곱하기 ☐
더하기 ☐

▶ 개념 다지기 1

물음에 답하고, 관계있는 것끼리 선으로 이으세요.

```
    9
2) 1 8
  1 8
    0
```

묶음의 개수는?

___9___ 개

묶고 남은 것은?

___0___ 개

```
    4
3) 1 3
  1 2
    1
```

묶음의 개수는?

_____ 개

묶고 남은 것은?

_____ 개

```
    2
6) 1 6
  1 2
    4
```

전체는 몇 개?

_____ 개

묶음의 개수는?

_____ 개

```
    3
5) 1 8
  1 5
    3
```

전체는 몇 개?

_____ 개

묶음의 개수는?

_____ 개

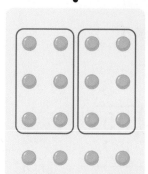

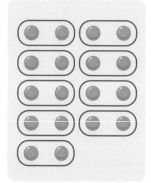

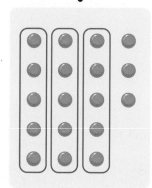

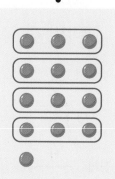

▶ 개념 다지기 2

나눗셈을 보고 확인하는 식을 쓰세요.

1

$$
\begin{array}{r}
8 \\
9\overline{)73} \\
72 \\
\hline
1
\end{array}
$$

➡ $9 \times 8 = 72$,
  $72 + 1 = 73$

2

$$
\begin{array}{r}
5 \\
5\overline{)29} \\
25 \\
\hline
4
\end{array}
$$

➡ _____,
  _____

3

$$
\begin{array}{r}
6 \\
7\overline{)48} \\
42 \\
\hline
6
\end{array}
$$

➡ _____,
  _____

4

$$
\begin{array}{r}
8 \\
3\overline{)26} \\
24 \\
\hline
2
\end{array}
$$

➡ _____,
  _____

5

$$
\begin{array}{r}
5 \\
6\overline{)31} \\
30 \\
\hline
1
\end{array}
$$

➡ _____,
  _____

6

$$
\begin{array}{r}
6 \\
8\overline{)55} \\
48 \\
\hline
7
\end{array}
$$

➡ _____,
  _____

$\boxed{?}$ 를 구하는 과정입니다. 빈칸을 알맞게 채우세요.

1

$$6 \overline{\smash{)}\ \boxed{?}}$$ 몫 8, 4 8, 나머지 4

➡ $6 \times 8 = \boxed{48}$

$\boxed{48} + 4 = \boxed{52}$

2

$$4 \overline{\smash{)}\ \boxed{?}}$$ 몫 9, 3 6, 나머지 2

➡ $4 \times 9 = \boxed{}$

$\boxed{} + 2 = \boxed{}$

3

$$7 \overline{\smash{)}\ \boxed{?}}$$ 몫 5, 3 5, 나머지 6

➡ $7 \times \boxed{} = \boxed{}$

$\boxed{} + 6 = \boxed{}$

4

$$8 \overline{\smash{)}\ \boxed{?}}$$ 몫 4, 3 2, 나머지 5

➡ $8 \times \boxed{} = \boxed{}$

$\boxed{} + \boxed{} = \boxed{}$

▶ 개념 마무리 2

오른쪽 모눈칸에 세로셈으로 계산하고, 빈칸을 알맞게 채우세요.

1

50개의 구슬을 6명에게 똑같이 나누어 주려고 합니다.
한 명에게 몇 개씩 줄 수 있고, 구슬은 몇 개 남을까요?

➡ 8 개씩 줄 수 있고, 2 개가 남습니다.

```
      8
6)5 0
  4 8
      2
```

2

쿠키 33개를 한 접시에 9개씩 담으려고 합니다.
필요한 접시는 몇 개이고, 남는 쿠키는 몇 개일까요?

➡ 필요한 접시는 ☐ 개이고, 남는 쿠키는 ☐ 개입니다.

3

야구공 49개를 상자 5개에 똑같이 나누면 한 상자에
야구공이 몇 개씩 들어가고, 몇 개가 남을까요?

➡ 한 상자에 ☐ 개씩 들어가고, ☐ 개가 남습니다.

4

클립 61개를 7명이 똑같이 나누어 가지려고 합니다.
한 명이 클립을 몇 개씩 가질 수 있고, 몇 개가 남을까요?

➡ 한 명이 ☐ 개씩 가질 수 있고, ☐ 개가 남습니다.

5

바나나 38개를 한 사람에게 6개씩 나누어 주려고 합니다.
몇 명에게 줄 수 있고, 몇 개가 남을까요?

➡ ☐ 명에게 줄 수 있고, ☐ 개가 남습니다.

6

연필 57자루를 필통 한 개에 8자루씩 나누어 담으려고 합니다.
필요한 필통은 몇 개이고, 남는 연필은 몇 자루일까요?

➡ 필요한 필통은 ☐ 개이고, 남는 연필은 ☐ 자루입니다.

3 (몇십) ÷ (몇)

$$6 \div 3 = 2 \qquad 60 \div 3 = 20$$

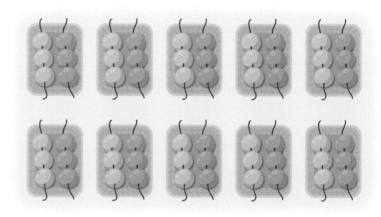

3개씩 묶으니까,

2묶음!

바구니 1개에 2묶음씩인데

바구니가 10개니까,

20묶음!

▶ 개념 익히기 1

그림을 보고 빈칸을 알맞게 채우세요.

1	2	3

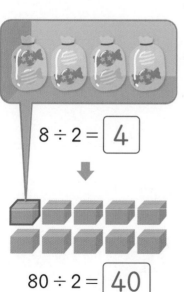

$8 \div 2 = \boxed{4}$

⬇

$80 \div 2 = \boxed{40}$

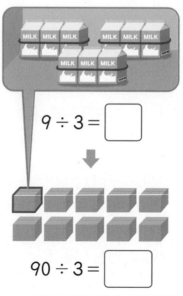

$9 \div 3 = \boxed{}$

⬇

$90 \div 3 = \boxed{}$

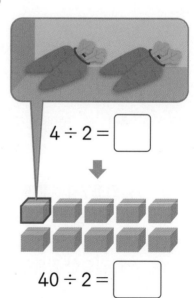

$4 \div 2 = \boxed{}$

⬇

$40 \div 2 = \boxed{}$

▶ 정답 및 해설 4쪽

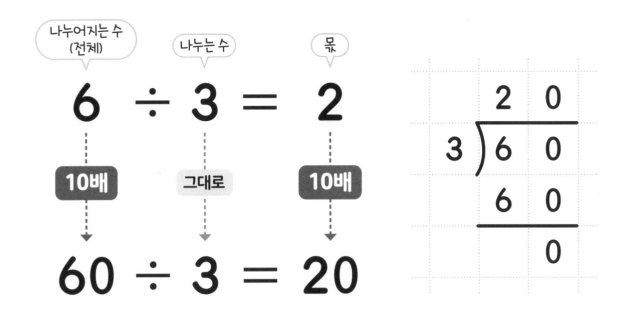

나누어지는 수
(전체)

나누는 수

몫

$$6 \div 3 = 2$$

10배 　 그대로 　 10배

$$60 \div 3 = 20$$

나누는 수가 같을 때
전체가 10배면, 몫도 10배

▶ **개념 익히기 2**

빈칸을 알맞게 채우세요.

1

$$3 \div 3 = \boxed{1}$$

10배 　 10배

$$30 \div 3 = \boxed{10}$$

2

$$6 \div 2 = \boxed{}$$

10배 　 10배

$$60 \div 2 = \boxed{}$$

3

$$8 \div 4 = \boxed{}$$

10배 　 10배

$$80 \div 4 = \boxed{}$$

세로셈으로 계산해 보세요.

1

```
      3  0
   ┌─────
 3 │ 9  0
   │ 9  0
   └─────
        0
```

2

```
      0
   ┌─────
 7 │ 7  0
   │ 7  0
   └─────
        0
```

3

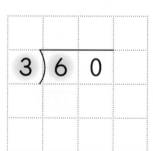

4

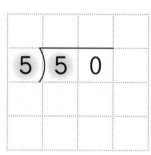

5

```
 3 │ 6  0
```

6

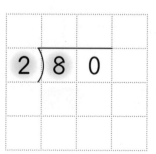

▶ 개념 다지기 2

몫을 쓰고, 관계있는 식끼리 선으로 이으세요.

1    $9 \div 9 = 1$ •   • $90 \div 3 =$

2    $6 \div 2 =$ •   • $90 \div 9 = 10$

3    $9 \div 3 =$ •   • $60 \div 2 =$

4    $6 \div 6 =$ •   • $40 \div 4 =$

5    $8 \div 4 =$ •   • $60 \div 6 =$

6    $4 \div 4 =$ •   • $80 \div 4 =$

빈칸을 알맞게 채우세요.

1

$$9 \div \boxed{3} = 3$$

⬇

$$90 \div \boxed{3} = 30$$

2

$$8 \div 2 = \boxed{}$$

⬇

$$80 \div 2 = \boxed{}$$

3

$$\boxed{} \div 5 = 1$$

⬇

$$\boxed{} \div 5 = 10$$

4

$$8 \div \boxed{} = 2$$

⬇

$$80 \div \boxed{} = 20$$

5

$$6 \div \boxed{} = 3$$

⬇

$$60 \div \boxed{} = 30$$

6

$$\boxed{} \div 2 = 2$$

⬇

$$\boxed{} \div 2 = 20$$

▶ 개념 마무리 2

양동이의 물을 컵으로 가득 담아 퍼내려면 7번 퍼내야 합니다. 양동이보다 10배 많은 욕조의 물을 컵으로 똑같이 퍼내려면 몇 번 퍼내야 할까요?

☐ 번

✱ 그림에 색칠도 해 보세요.

4 나머지가 없는 (몇십몇) ÷ (몇)

24 ÷ 2

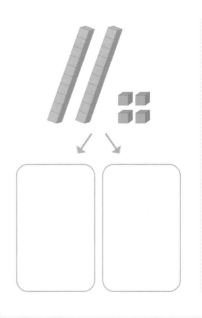 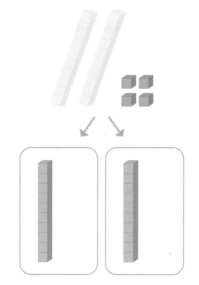 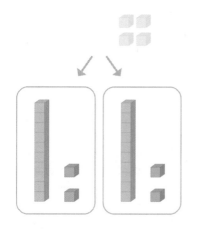

십을 먼저 나누고, 일 나누기

▶ **개념 익히기 1**

그림을 보고 나눗셈식을 완성해 보세요.

1
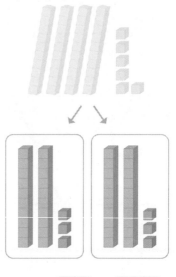

$46 \div \boxed{2} = \boxed{23}$

2
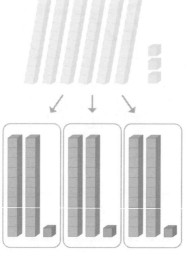

$63 \div \boxed{} = \boxed{}$

3
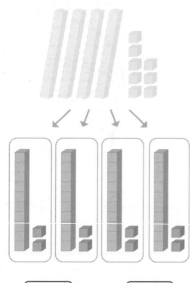

$\boxed{} \div 4 = \boxed{}$

▶ 정답 및 해설 5쪽

3205

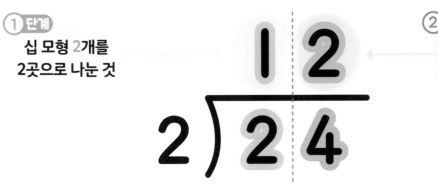

① 단계

십 모형 2개를
2곳으로 나눈 것

② 단계

일 모형 4개를
2곳으로 나눈 것

계산 방법

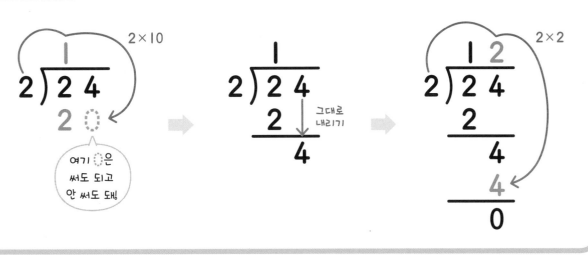

2×10

여기 ○은
써도 되고
안 써도 돼!

그대로
내리기

2×2

▶ 개념 익히기 2

빈칸을 알맞게 채우세요.

1

$$4 \overline{)\, 8 \mid 4}$$
(2 1)

2

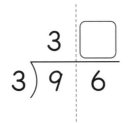

3

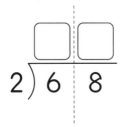

빈칸을 알맞게 채우세요.

1

$$
\begin{array}{r}
1\ \boxed{3} \\
3\ \overline{)\ 3\ \ 9} \\
3\ \ \ \ \circ \leftarrow 3\times\boxed{10} \\
\hline
\boxed{9} \\
\boxed{9}\leftarrow 3\times\boxed{3} \\
\hline
0
\end{array}
$$

2

$$
\begin{array}{r}
2\ \boxed{} \\
2\ \overline{)\ 4\ \ 6} \\
\boxed{}\ \ \ \circ \leftarrow 2\times\boxed{} \\
\hline
\boxed{} \\
6\leftarrow 2\times\boxed{} \\
\hline
0
\end{array}
$$

3

$$
\begin{array}{r}
1\ \ 1 \\
7\ \overline{)\ 7\ \ 7} \\
\boxed{}\ \ \ \circ \leftarrow 7\times\boxed{} \\
\hline
\boxed{} \\
\boxed{}\leftarrow 7\times\boxed{} \\
\hline
0
\end{array}
$$

4

$$
\begin{array}{r}
\boxed{}\ \ 1 \\
4\ \overline{)\ 8\ \ 4} \\
\boxed{}\ \ \ \circ \leftarrow 4\times\boxed{} \\
\hline
4 \\
\boxed{}\leftarrow 4\times\boxed{} \\
\hline
0
\end{array}
$$

◉ 개념 다지기 2

계산해 보세요.

1

```
      1 3
  2 ) 2 6
      2
        6
        6
        0
```

2

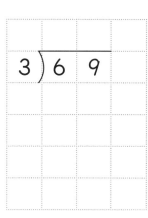

```
  3 ) 6 9
```

3

```
  4 ) 4 8
```

4

```
  2 ) 6 4
```

5

```
  3 ) 3 6
```

6

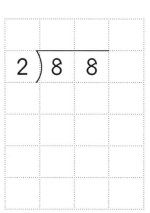

```
  2 ) 8 8
```

몫이 다른 나눗셈식에 ○표 하세요.

1

20 ÷ 2   60 ÷ 3

80 ÷ 4   40 ÷ 2

2

22 ÷ 2   77 ÷ 7

55 ÷ 5   99 ÷ 3

3

42 ÷ 2   63 ÷ 3

28 ÷ 2   84 ÷ 4

4

66 ÷ 3   64 ÷ 2

88 ÷ 4   44 ÷ 2

5

36 ÷ 3   82 ÷ 2

24 ÷ 2   48 ÷ 4

6

99 ÷ 9   33 ÷ 3

96 ÷ 3   88 ÷ 8

▶ 개념 마무리 2

물음에 답하세요.

1

사탕 48개를 한 사람에게 4개씩 나누어 주려고 합니다. 사탕을 몇 명에게 나누어 줄 수 있을까요?

식 $48 \div 4 = 12$ 답 12 명

2

풍선 69개를 3모둠에게 똑같이 나누어 주려고 합니다. 한 모둠에 풍선을 몇 개씩 나누어 주면 될까요?

식 _____   답 _____ 개

3

귤 77개를 한 봉지에 7개씩 담으면 몇 봉지가 될까요?

식 _____   답 _____ 봉지

4

색종이 26장을 2명에게 똑같이 나누어 주려고 합니다. 한 사람에게 색종이를 몇 장씩 주면 될까요?

식 _____   답 _____ 장

5

식빵 36장을 한 접시에 3장씩 담으려고 합니다. 필요한 접시는 몇 개일까요?

식 _____   답 _____ 개

6

남학생 37명과 여학생 47명이 있습니다. 전체 학생을 한 줄에 4명씩 세우면 모두 몇 줄이 될까요?

식 _____   답 _____ 줄

5 내림이 있는 (몇십) ÷ (몇)

❶ 십을 최대한 나눠 주고,

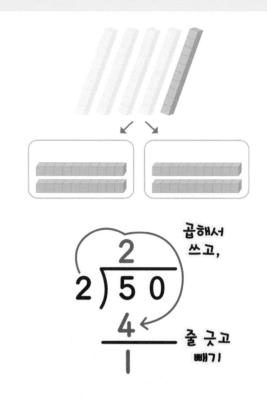

▶ **개념 익히기 1**

십 모형을 일 모형으로 풀지 않고, 똑같이 나눌 수 있는 만큼 그리세요.

1   30 ÷ 2   2   60 ÷ 4   3   70 ÷ 2

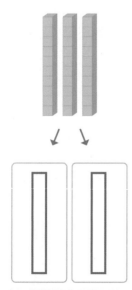

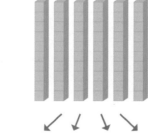

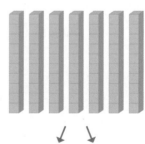

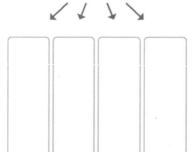

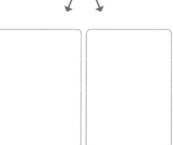

❷ 남은 십을 풀어서 일로 바꾸기　❸ 일을 나눠 주기

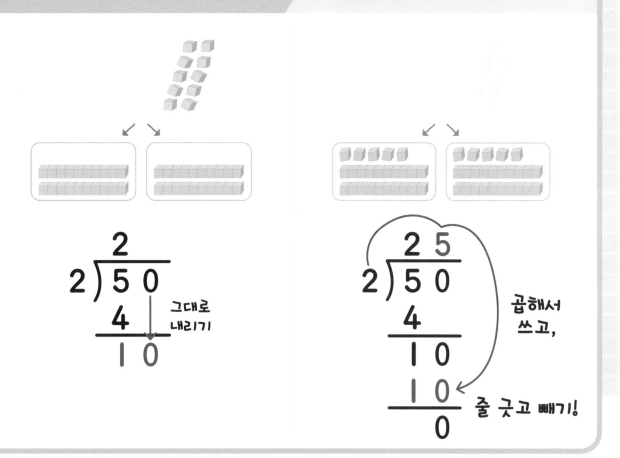

그대로 내리기

곱해서 쓰고,

줄 긋고 빼기!

▶ 개념 익히기 2

최대한 나누고 남은 십 모형을 일 모형으로 바꾸어, 똑같이 나누어 그리세요.

1　　30 ÷ 2　　2　　60 ÷ 4　　3　　70 ÷ 2

개념 다지기 1

빈칸을 알맞게 채우세요.

1

```
    1 5
6 ) 9 0
    6
    ───
    3 0
    3 0
    ───
      0
```

2

```
    □ 5
4 ) 6 0
    □
    ───
    □ 0
    2 0
    ───
      0
```

3

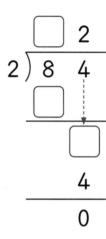

```
    □ 2
2 ) 8 4
    □
    ───
    □
    4
    ───
    0
```

4

```
    1 □
5 ) 7 0
    5
    ───
    2 0
    □ □
    ───
      □
```

5

```
    3 □
3 ) 9 6
    9
    ───
    □
    □
    ───
    □
```

6

```
    2 □
2 ) 5 0
    4
    ───
  1 □
  □ □
  ───
    □
```

▶ 개념 다지기 2

계산해 보세요.

1

```
      1 2
  5 ) 6 0
      5
      1 0
      1 0
          0
```

2

```
  2 ) 7 0
```

3

```
  5 ) 9 0
```

4

```
  2 ) 3 0
```

5

```
  5 ) 8 0
```

6

```
  2 ) 9 0
```

몫의 크기를 비교하여 ◯ 안에 >, =, <를 알맞게 쓰세요.

1

$60 \div 6$ ◁<◁ $30 \div 2$
$= 10$ $= 15$

2

$50 \div 2$ ◯ $80 \div 5$

3

$70 \div 5$ ◯ $30 \div 3$

4

$60 \div 4$ ◯ $40 \div 2$

5

$60 \div 5$ ◯ $90 \div 6$

6

$80 \div 2$ ◯ $90 \div 5$

3207

▶ 개념 마무리 2

물음에 답하세요.

1

복숭아 **70**개를 상자 **2**개에 똑같이 나누어 담으려고 합니다. 복숭아는 한 상자에 몇 개씩 들어갈까요?

식 $70 \div 2 = 35$ 답 **35** 개

2

마스크 **90**개를 한 사람에게 **5**개씩 나누어 주려고 합니다. 마스크를 몇 명에게 나누어 줄 수 있을까요?

식 _____   답 _____ 명

3

책 **80**권을 책꽂이 **5**칸에 똑같이 나누어 꽂으려고 합니다. 한 칸에 책을 몇 권씩 꽂으면 될까요?

식 _____   답 _____ 권

4

빨간 블록 **36**개, 파란 블록 **24**개를 **4**모둠에게 색깔 구분 없이 똑같이 나누어 주려고 합니다. 한 모둠에게 주는 블록은 몇 개일까요?

식 _____   답 _____ 개

5

고기만두 **40**개와 김치만두 **50**개가 있습니다. 만두 전체를 한 접시에 **6**개씩 담는다면 접시는 몇 개가 필요할까요?

식 _____   답 _____ 개

6

연필이 한 묶음에 **10**자루씩 **6**묶음 있습니다. 한 사람에게 연필을 **5**자루씩 나누어 준다면 몇 명에게 나누어 줄 수 있을까요?

식 _____   답 _____ 명

6 (몇십몇) ÷ (몇)

72 ÷ 5

십을 먼저 나누고,	남은 십을 일과 함께	또 나누기!

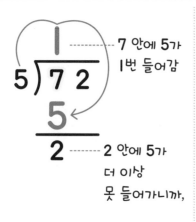

7 안에 5가
1번 들어감

2 안에 5가
더 이상
못 들어가니까,

그대로
내려서
22로

22 안에 5가
4번 들어감

2 안에 5가
더 이상
못 들어가니까,
나머지!

➡ 72 ÷ 5 = 14 ⋯ 2

▶ 개념 익히기 1

빈칸을 알맞게 채우세요.

1

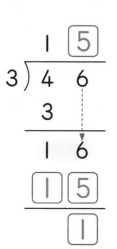

```
     1  [5]
  3)  4  6
     3  ↓
  ─────────
     1  6
   ┌──┬──┐
   │1 │5 │
   └──┴──┘
  ─────────
     [1]
```

2

```
     1  □
  4)  5  9
     4  ↓
  ─────────
     1  9
   ┌──┬──┐
   │  │  │
   └──┴──┘
  ─────────
     □
```

3

```
     1  □
  5)  8  7
     5  ↓
  ─────────
     3  7
   ┌──┬──┐
   │  │  │
   └──┴──┘
  ─────────
     □
```

▶ 정답 및 해설 10쪽

3208

나머지의 조건

$$72 \div 5 = 14 \cdots 2$$

$$5 > 2$$

나머지는 나누는 수보다
항상 작지!

확인하는 식

$$72 \div 5 = 14 \cdots 2$$

나눗셈을 확인하는 식은
항상 똑같아!

➡ $5 \times 14 = 70,$

$70 + 2 = 72$

▶ **개념 익히기 2**

나눗셈식을 보고, 확인하는 식을 쓰세요.

1

$46 \div 3 = 15 \cdots 1$ ➡ 확인하는 식 : $3 \times 15 = 45,\ 45 + 1 = 46$

2

$59 \div 4 = 14 \cdots 3$ ➡ 확인하는 식 : _____

3

$87 \div 5 = 17 \cdots 2$ ➡ 확인하는 식 : _____

▶ 개념 다지기 1

계산을 하고, 몫과 나머지를 각각 쓰세요.

1

```
    1 3
6 ) 7 9
    6
    1 9
    1 8
      1
```

몫 : __13__

나머지 : __1__

2

```
3 ) 8 1
```

몫 : _____

나머지 : _____

3

```
4 ) 8 7
```

몫 : _____

나머지 : _____

4

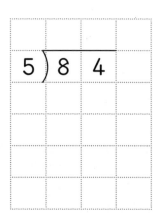

몫 : _____

나머지 : _____

5

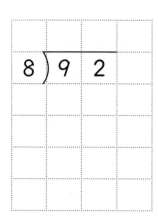

몫 : _____

나머지 : _____

6

```
2 ) 6 3
```

몫 : _____

나머지 : _____

▶ 정답 및 해설 10쪽

▶ 개념 다지기 2

계산해 보세요.

1 $90 \div 4 = 22 \cdots 2$

2 $45 \div 2$

3 $75 \div 3$

4 $67 \div 5$

5 $94 \div 7$

6 $85 \div 6$

▶ 개념 마무리 1

빈칸을 알맞게 채우세요.

1

```
      2  4
   ┌────────
3  )  7  4
      6
   ─────────
      1  4
      1  2
   ─────────
         2
```

2

```
      4  □
   ┌────────
2  )  9  □
      □
   ─────────
      1  7
      1  □
   ─────────
         1
```

3

```
      □  2
   ┌────────
6  )  7  6
      □
   ─────────
      1  □
      1  2
   ─────────
         □
```

4

```
      1  □
   ┌────────
5  ) □  8
      5
   ─────────
      3  □
      □  5
   ─────────
         3
```

5

```
      2  □
   ┌────────
3  )  8  □
      □
   ─────────
      □  6
      2  4
   ─────────
         □
```

6

```
      □  □
   ┌────────
4  ) □  9
      8
   ─────────
         □
         8
   ─────────
         □
```

▶ 개념 마무리 2

나눗셈의 나머지를 따라가며 선을 긋고, 도착한 곳에 자신의 이름을 쓰세요.

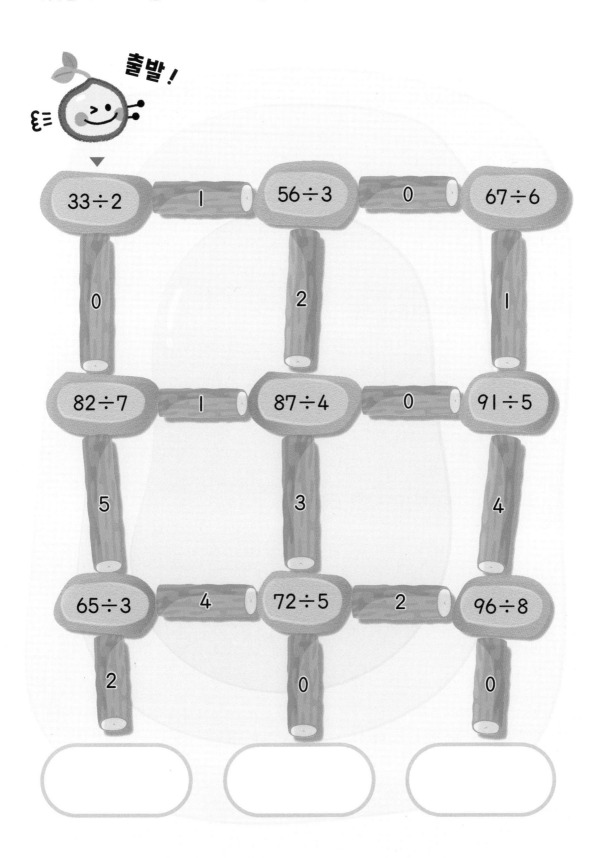

지금까지 세로로 계산하는 나눗셈에 대해 살펴보았습니다.
얼마나 제대로 이해했는지 확인해 봅시다.

1

32 ÷ 8 = 4를 세로셈으로 나타내시오.

2

나눗셈을 보고 확인하는 식을 쓰시오.

```
       8
  7 ) 5 9
      5 6
        3
```

확인하는 식 ➡ _____ ,

_____

3

빈칸에 몫을 쓰시오.

4

몫이 가장 큰 나눗셈식에 ○표 하시오.

| 64 ÷ 2 | 39 ÷ 3 | 88 ÷ 4 | 63 ÷ 3 |

맞은 개수 8개	◯	매우 잘했어요.
맞은 개수 6~7개	◯	실수한 문제를 확인하세요.
맞은 개수 5개	◯	틀린 문제를 2번씩 풀어 보세요.
맞은 개수 1~4개	◯	앞부분의 내용을 다시 한번 확인하세요.

스스로 평가

▶ 정답 및 해설 12쪽

5

계산하시오.

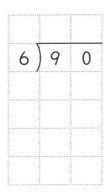

6

나눗셈의 나머지가 같은 것끼리 선으로 이으시오.

95 ÷ 7 •   • 7 ÷ 3

62 ÷ 5 •   • 14 ÷ 6

73 ÷ 6 •   • 13 ÷ 9

7

나누어떨어지는 나눗셈이 되도록 빈칸에 알맞은 수를 쓰시오.

6) 8 ☐

8

색연필 61자루를 연필꽂이 4개에 똑같이 나누어 꽂으려고 합니다.
연필꽂이 한 개에 색연필은 몇 자루씩 꽂을 수 있고, 남는 것은 몇 자루인지 구하시오.

➡ 연필꽂이에 _____ 자루씩 꽂고, 남는 것은 _____ 자루입니다.

서술형으로 확인 ✏️

1 색종이 6장을 3장씩 묶을 때와 60장을 3장씩 묶을 때의 나눗셈식을 각각 쓰고, 몫을 비교해 보세요. (힌트: 22~23쪽)

2 수 모형을 사용하여 $90 \div 2$를 계산하는 방법입니다. 빈칸을 알맞게 채우세요. (힌트: 34~35쪽)

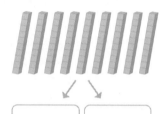

? ?

십 모형을 _____곳에 _____개씩 나누어 주고,

남은 십 모형을 _____으로 바꾸어 _____개씩

나누어 줍니다.

3 주어진 나눗셈 계산이 잘못된 이유를 쓰고, 바르게 계산해 보세요.
(힌트: 40쪽)

```
    1 1
5 ) 8 5
    5
    8
    5
    3
```

잘못된 이유:

바른 계산

```
5 ) 8 5
```

잠깐! 서술형으로 쓰기 어려워? 그럼 앞에서 배운 걸 떠올려 보렴. 앞에서 찾아보고 적어도 좋아!

다른 나라의 세로 나눗셈

우리나라에서 사용하는 계산 방법은 미국과 일본 등 여러 나라에서
사용하고 있는 방법이야. 하지만 스페인, 프랑스 등 다른 나라에서는
나눗셈을 세로로 계산할 때 우리가 배운 것과는 조금 다른 방법으로 계산해.
계산하는 모양은 달라 보여도 나눗셈의 원칙은 똑같아.
큰 수를 먼저 나누고, 나누고 남은 것은 낱개로 풀어서 또 나누기!

$$73 \div 5 = 14 \cdots 3$$

<우리나라, 미국, 일본 등>

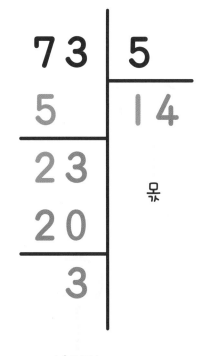

<스페인, 프랑스 등 다른 나라>

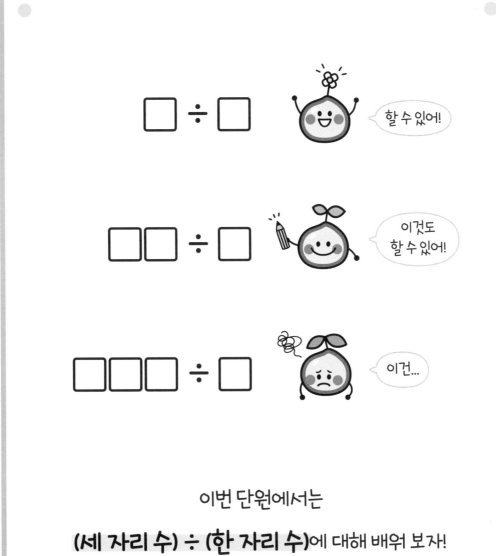

이번 단원에서는

(세 자리 수) ÷ (한 자리 수)에 대해 배워 보자!

1 백의 자리부터 나누기

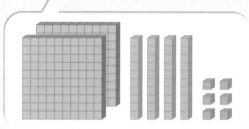

246 ÷ 2 = ?

나누기는 큰 수부터 나누기

1단계 백 2개를 먼저 나누고,

200 ÷ 2 = 100

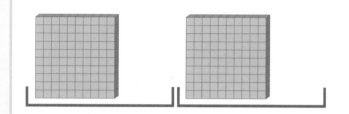

2단계 십 4개를 나누고,

40 ÷ 2 = 20

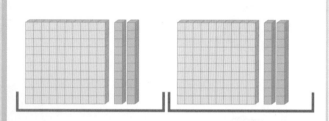

3단계 일 6개를 나누기

6 ÷ 2 = 3

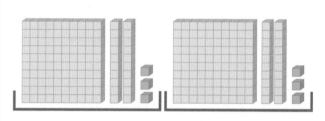

➡ **246 ÷ 2 = 123**

▶ 개념 익히기 1

주어진 나눗셈을 할 때, 가장 먼저 계산해야 하는 식에 ○표 하세요.

1

482 ÷ 2

400 ÷ 2 (◯)

2 ÷ 2 ( )

80 ÷ 2 ( )

2

624 ÷ 2

4 ÷ 2 ( )

20 ÷ 2 ( )

600 ÷ 2 ( )

3

936 ÷ 3

30 ÷ 3 ( )

900 ÷ 3 ( )

6 ÷ 3 ( )

▶ 정답 및 해설 13쪽

1단계
백 2개를
2곳으로
나눈 것

2단계
십 4개를
2곳으로
나눈 것

3단계
일 6개를
2곳으로
나눈 것

```
    1 2 3
2 ) 2 4 6
```

몫이 세 자리 수이면
나누기를 3번 한 거구나!

세로셈

```
      1 2 3
2 ) 2 4 6
    2
    ―――
      4
      4
    ―――
        6
        6
    ―――
        0
```

▶ **개념 익히기 2**

빈칸을 알맞게 채우세요.

1

```
    1 2 2
4 ) 4 8 8
```

2

```
    □ 1 □
7 ) 7 7 7
```

3

```
    1 □ □
3 ) 3 9 6
```

몫을 바르게 구한 것에 ○표, 잘못 구한 것에는 ✕표 하고, 바르게
고치세요.

1

```
    2
  ⲭ 3 1
2)4 6 2
```

(✕)

2

```
  2 1 1
3)6 3 3
```

( )

3

```
  1 1 1
5)5 5 5
```

( )

4

```
  3 2 2
3)9 6 9
```

( )

5

```
  1 8 3
2)2 8 6
```

( )

6

```
  2 2 2
4)8 8 4
```

( )

▶ 개념 다지기 2

계산해 보세요.

1

$$468 \div 2 = 234$$

2

$$848 \div 4$$

3

$$369 \div 3$$

4

$$682 \div 2$$

5

$$963 \div 3$$

6

$$484 \div 4$$

개념 마무리 1

계산해 보세요.

1

```
      1 1 3
   2 ) 2 2 6
       2
         2
         2
           6
           6 0
             0
```

2

```
   3 ) 9 3 6
```

3

```
   4 ) 8 4 4 4
```

4

```
   3 ) 9 3 9
```

5

```
   2 ) 6 4 8
```

6

```
   4 ) 4 4 8
```

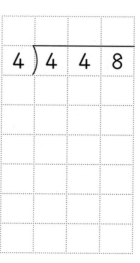

▶ 정답 및 해설 14쪽

▶ 개념 마무리 2

몫이 큰 것부터 차례대로 글자를 써서, 문장을 만들어 보세요.

$864 \div 2 = 432$

볶

$939 \div 3$

제

$242 \div 2$

맛

$966 \div 3$

가

$336 \div 3$

있

$888 \div 2$

떡

$693 \div 3$

일

$684 \div 2$

이

$444 \div 4$

어

➡ _____

2 내림이 있는 세 자리 수 나누기

백의 자리 수가
나누어떨어지지
않으면?

$$3 \, 52 \div 2 = ?$$

❶ 그래도 우선,
백부터 나누기

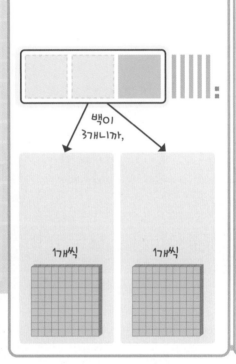

백이
3개니까,

1개씩   1개씩

❷ 그 다음은,
십 나누기

나누고 남은 백은
십으로 바꿔서 나누기

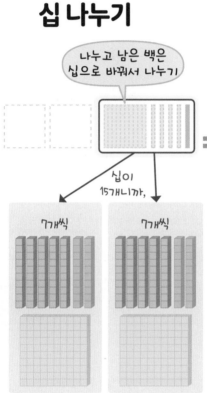

십이
15개니까,

7개씩   7개씩

❸ 마지막에,
일 나누기

나누고 남은 십은
일로 바꿔서 나누기

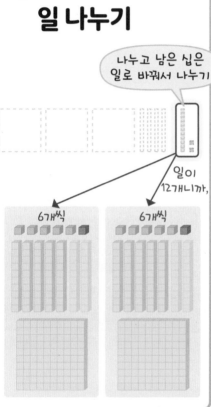

일이
12개니까,

6개씩   6개씩

▶ **개념 익히기 1**

수 모형 420을 세 곳으로 똑같이 나누려고 합니다. 물음에 답하세요.

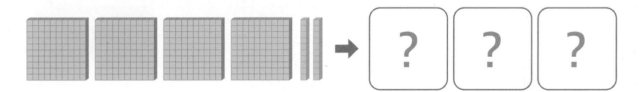

→ [?] [?] [?]

1   백 모형은 한 곳에 몇 개씩 둘 수 있을까요?   **1개**

2   나누고 남은 백 모형을 십 모형으로 바꾸면, 십 모형은 모두 몇 개일까요?

3   **2**의 십 모형을 세 곳으로 똑같이 나누면, 십 모형은 한 곳에 몇 개씩 둘 수 있을까요?

▶ 정답 및 해설 15쪽

3210

나눗셈은 큰~ 덩이부터 나누기!

1단계

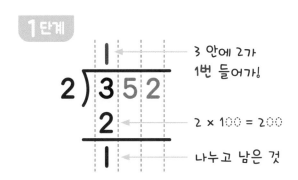

3 안에 2가
1번 들어감

2 × 100 = 200

나누고 남은 것

2단계

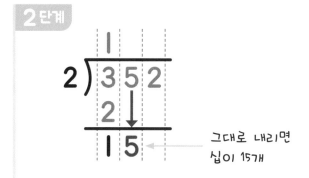

그대로 내리면
십이 15개

3단계

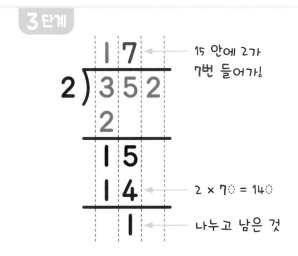

15 안에 2가
7번 들어감

2 × 70 = 140

나누고 남은 것

4단계

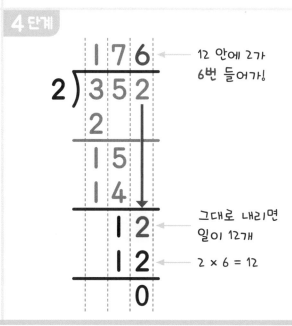

12 안에 2가
6번 들어감

그대로 내리면
일이 12개

2 × 6 = 12

▶ 개념 익히기 2

나눗셈 계산 과정의 일부입니다. 가장 먼저 나누어지는 수에 ○표 하고, 빈칸을 알맞게 채우세요.

1

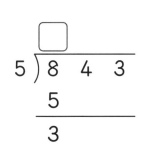

2

5) 8 4 3
  5
  3

3

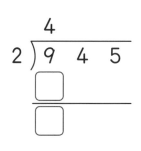

빈칸을 알맞게 채우세요.

1

```
    [1] 7 5
3 ) 5 2 6
    [3]
    [2] 2
      2 1
      1 6
      1 5
        1
```

2

```
    [ ] 7 6
2 ) 7 5 2
    [ ]
    [ ] 5
      1 4
      1 2
      1 2
        0
```

3

```
    2 [ ] 3
4 ) 9 7 4
    8
    1 [ ]
  [ ][ ]
      1 4
      1 2
        2
```

4

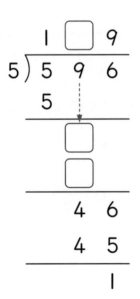

```
    1 [ ] 9
5 ) 5 9 6
    5
    [ ]
    [ ]
      4 6
      4 5
        1
```

5

```
    2 8 [ ]
3 ) 8 6 3
    6
    2 6
    2 4
      2 [ ]
    [ ][ ]
        [ ]
```

6

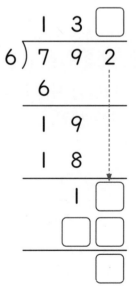

```
    1 3 [ ]
6 ) 7 9 2
    6
    1 9
    1 8
      1 [ ]
    [ ][ ]
        [ ]
```

▶ 개념 다지기 2

계산해 보세요.

1

```
        1  3  4
   ┌──────────
 4 ) 5  3  7
     4
     1  3
     1  2
        1  7
        1  6
           1
```

2

```
   ┌──────────
 2 ) 3  1  5
```

3

```
   ┌──────────
 3 ) 9  7  8
```

4

```
   ┌──────────
 4 ) 8  6  2
```

5

```
   ┌──────────
 5 ) 7  3  9
```

6

```
   ┌──────────
 2 ) 9  7  6
```

▶ 개념 마무리 1

나머지가 있으면 ○를 따라 이동하고, 없으면 ✕를 따라 이동합니다.
도착지에 있는 간식이 무엇인지 쓰세요.

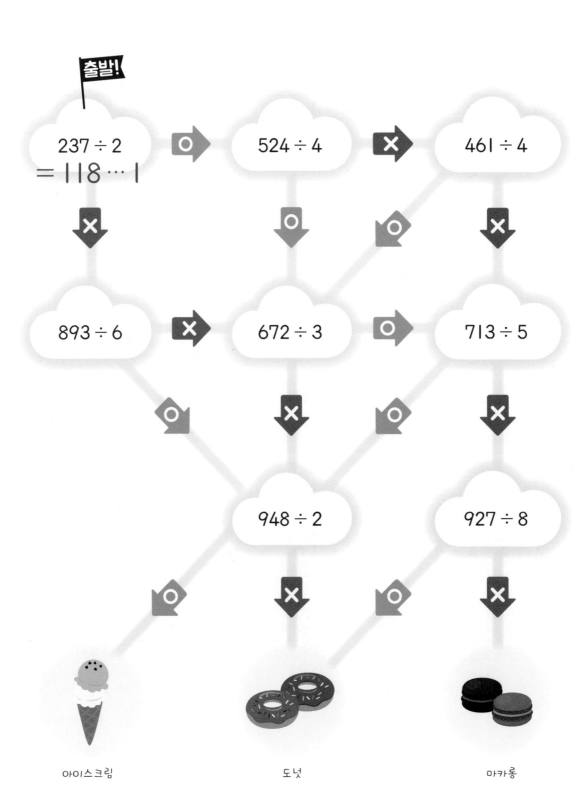

출발!

$237 \div 2$
$= 118 \cdots 1$

$524 \div 4$

$461 \div 4$

$893 \div 6$

$672 \div 3$

$713 \div 5$

$948 \div 2$

$927 \div 8$

아이스크림

도넛

마카롱

➡ _____

▶ 개념 마무리 2

빈칸을 알맞게 채우세요.

1

```
      3 [7] [7]
  2 ) 7  5  [4]
      6
      ─────
      1 [5]
      1  4
      ─────
      [1] 4
      1  4
      ─────
          0
```

2

```
      2 [ ] [ ]
  3 ) [ ] 8  5
      6
      ─────
        [ ]
        6
      ─────
        [ ] 5
        2 [ ]
      ─────
          1
```

3

```
      1 [ ] 9
  4 ) 7 [ ] [ ]
      [ ]
      ─────
      [ ] 5
      3  2
      ─────
        [ ] 6
        3  6
      ─────
          0
```

4

```
      [ ] 2 [ ]
  5 ) 6  1 [ ]
      [ ]
      ─────
      1  1
      1 [ ]
      ─────
      [ ][ ]
      1  0
      ─────
          4
```

5

```
      1 [ ] [ ]
  6 ) 8 [ ] 3
      [ ]
      ─────
      [ ] 7
      2 [ ]
      ─────
        3  3
      [ ][ ]
      ─────
          3
```

6

```
      [ ] 1 [ ]
  7 ) [ ] 9  3
      7
      ─────
      [ ]
      [ ]
      ─────
      [ ][ ]
      [ ][ ]
      ─────
          2
```

3 몫에 0이 있는 나눗셈

$$212 \div 2 = ?$$

백 먼저 나누기

```
     1
2 ) 2 1 2
    2
    ─────
    0
```
1 ······ 2 안에 2가 1번 들어감
② ······ 2 × 100

십 나누기

```
     1 0
2 ) 2 1 2
    2
    ─────
    1
    0
    ─────
    1
```
1 0 ······ 1 안에 2가 0번 들어감
0 ······ 2 × 0

나눌 수 없으면 몫에 0 쓰기

일 나누기

```
     1 0 6
2 ) 2 1 2
    2
    ─────
    1
    0
    ─────
    1 2
    1 2
    ─────
    0
```
1 0 6 ······ 12 안에 2가 6번 들어감
1 2 ······ 2 × 6

▶ **개념 익히기 1**

계산해 보세요.

1

```
     0
3 ) 2
    0
    ───
    2
```

2

```
7 ) 5
```

3

```
6 ) 4
```

몫이 0이 되는 부분의 계산은 생략할 수 있어!

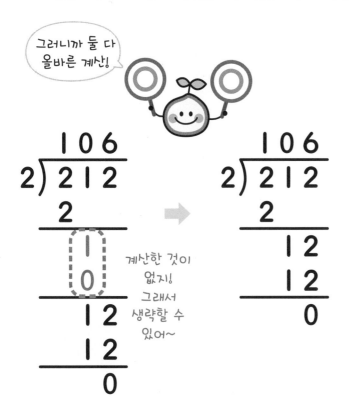

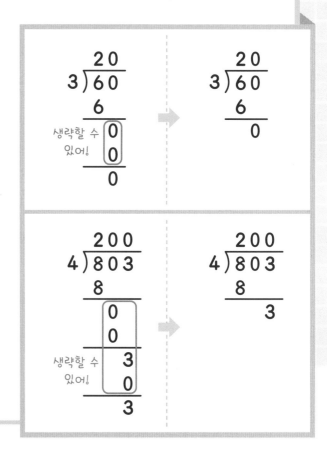

▶ **개념 익히기 2**

생략할 수 있는 부분에 ○표 하세요.

1

```
      1 0 1
  3 ) 3 0 4
      3
     (0)
      0
        4
        3
        1
```

2

```
      1 3 0
  4 ) 5 2 0
      4
      1 2
      1 2
          0
          0
          0
```

3

```
      2 0 5
  3 ) 6 1 7
      6
      1
      0
        1 7
        1 5
          2
```

길을 따라 빈칸을 채우며 계산해 보세요.

$612 \div 3$

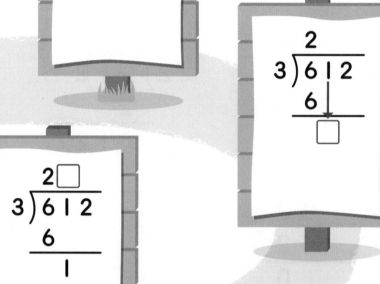

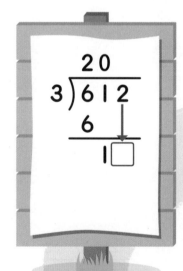

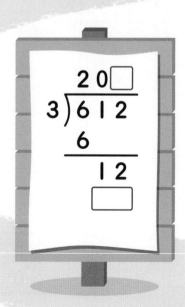

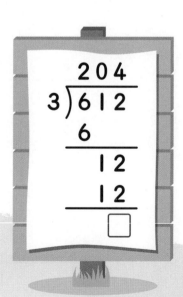

▶ 개념 다지기 2

계산해 보세요.

1
```
    2 0 3
  ┌───────
2 ) 4 0 7
    4
  ───────
        7
        6
  ───────
        1
```

2
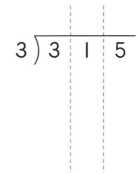
```
  ┌───────
3 ) 3 1 5
```

3
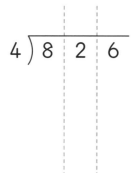
```
  ┌───────
4 ) 8 2 6
```

4
```
  ┌───────
5 ) 5 4 8
```

5
```
  ┌───────
2 ) 6 0 9
```

6
```
  ┌───────
3 ) 9 1 8
```

개념 마무리 1

빈칸을 알맞게 채우고, 틀린 설명에 ×표 하세요.

1

$$825 \div 4 = \boxed{206} \cdots \boxed{1}$$

 몫은 300보다 작아.

( )

 나머지는 3보다 작아.

( )

 나누어떨어져.

(×)

2

$$651 \div 6 = \boxed{} \cdots \boxed{}$$

 나머지가 0이야.

( )

 몫은 세 자리 수야.

( )

 몫은 108이야.

( )

3

$$739 \div 7 = \boxed{} \cdots \boxed{}$$

 나머지는 4야.

( )

 몫이 200보다 크구나.

( )

 몫의 십의 자리 숫자가 0이야.

( )

4

$$907 \div 3 = \boxed{} \cdots \boxed{}$$

 몫의 십의 자리 숫자가 0이야.

( )

 나누어떨어져.

( )

 나머지는 1이야.

( )

▶ 정답 및 해설 18쪽

▶ 개념 마무리 2

물음에 답하세요.

3212

1

750일은 몇 주와 며칠일까요?

식 $750 \div 7 = 107 \cdots 1$ **답** 107 주, 1 일

2

다은이가 208쪽짜리 문제집을 하루에 2쪽씩 풀려고 합니다. 문제집을 다 풀려면 며칠이 걸릴까요?

식 _____   **답** _____ 일

3

감자 514개를 상자 5개에 똑같이 나누어 담으려고 합니다. 한 상자에 담을 수 있는 감자는 몇 개이고, 남는 감자는 몇 개일까요?

식 _____   **답** _____ 개,

남는 감자 _____ 개

4

831 cm짜리 끈을 4 cm씩 잘라서 리본을 만들려고 합니다. 만들 수 있는 리본은 몇 개이고, 남는 끈은 몇 cm일까요?

식 _____   **답** 리본 _____ 개,

남는 끈 _____ cm

5

씨앗 329개를 화분 하나에 3개씩 심으려면 화분은 몇 개가 필요하고, 남는 씨앗은 몇 개일까요?

식 _____   **답** 화분 _____ 개,

남는 씨앗 _____ 개

4 몫이 두 자리 수인 나눗셈

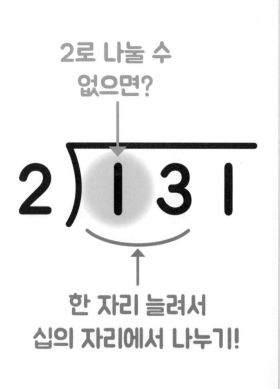

2로 나눌 수 없으면?

한 자리 늘려서 십의 자리에서 나누기!

1 백을 나눌 수 없으면?

➡ 십으로 바꿔서 나누기!

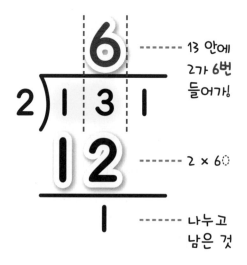

13 안에 2가 6번 들어감

2 × 60

나누고 남은 것

▶ 개념 익히기 1

몫의 자리 중 7이 들어갈 곳을 찾아 V표 하세요.

1

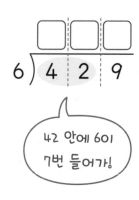

29 안에 4가 7번 들어감

2

6) 4 2 9

42 안에 6이 7번 들어감

3

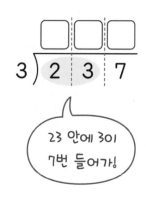

23 안에 3이 7번 들어감

▶ 정답 및 해설 19쪽

2 남은 십은?
➡ 일로 바꾸고,

```
      6
   ┌──────
 2 │ 1 3 1
     1 2
   ──────
       1 1
```

일이
11개

3 일까지 나누면?
➡ 끝이지~

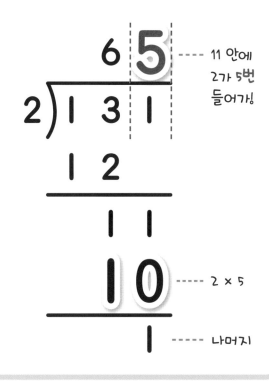

11 안에
2가 5번
들어감

2 × 5

나머지

▶ 개념 익히기 2

빈칸을 알맞게 채우세요.

1

```
      7 ③
   ┌────────
 4 │ 2 9 2
     2 8
   ────────
       1 2
      ┌─────
      ① 2
      ──────
        ⓪
```

2

```
      7 □
   ┌────────
 6 │ 4 2 9
     4 2
   ────────
         9
       ┌───
       □
       ───
       □
```

3

```
      7 □
   ┌────────
 3 │ 2 3 7
     2 1
   ────────
       2 7
      ┌─────
      □ □
      ──────
       □
```

1

```
       3 2
  8 ) 2 5 7
       2 4
       1 7
       1 6
         1
```

2

```
       □ □
  7 ) 1 3 4
         □
       □ □
       □ □
         □
```

3

```
       □ □
  5 ) 2 1 5
     □ □
       □ □
       □ □
         □
```

4

```
       □ □
  9 ) 4 8 1
     □ □
       □ □
       □ □
         □
```

5

```
       □ □
  4 ) 3 9 8
     □ □
       □ □
       □ □
         □
```

6

```
       □ □
  6 ) 5 7 2
     □ □
       □ □
       □ □
         □
```

▶ 개념 다지기 2

계산해 보세요.

1

```
        6 9
  5 ) 3 4 6
      3 0
        4 6
        4 5
            1
```

2

```
  3 ) 1 1 2
```

3

```
  6 ) 4 5 8
```

4

```
  4 ) 2 6 4
```

5

```
  5 ) 3 9 7
```

6

```
  7 ) 5 1 6
```

몫이 가장 작은 나눗셈식이 적힌 동물에 색칠하세요.

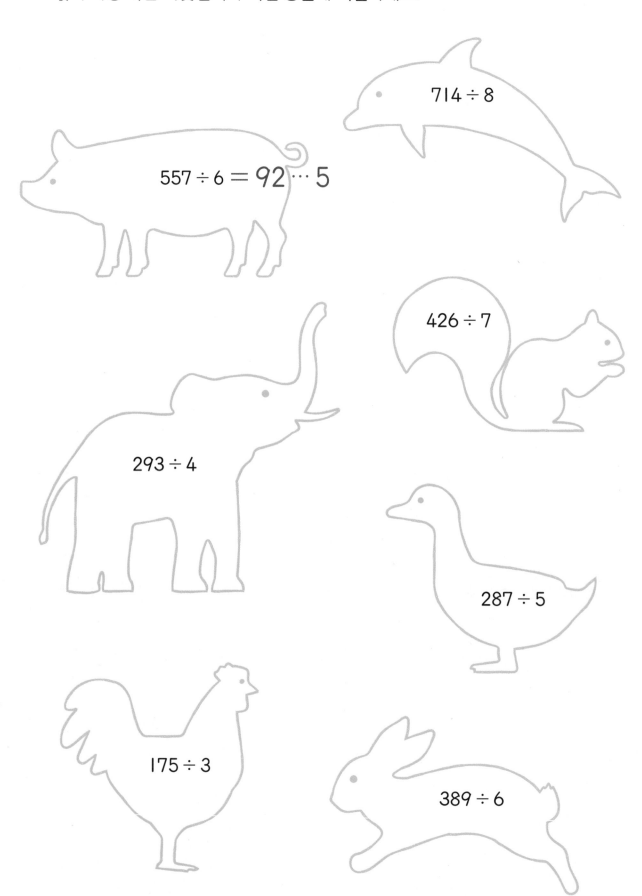

714 ÷ 8

557 ÷ 6 = 92 ··· 5

426 ÷ 7

293 ÷ 4

287 ÷ 5

175 ÷ 3

389 ÷ 6

▶ 정답 및 해설 20~21쪽

개념 마무리 2

물음에 답하세요.

1

장미 419송이를 3송이씩 묶어 꽃다발을 만듭니다. 꽃다발은 몇 개까지 만들 수 있을까요?

식 $419 \div 3 = 139 \cdots 2$ 답   139   개

2

알밤 563개를 한 봉지에 8개씩 담아서 포장하려고 합니다. 몇 봉지까지 포장할 수 있을까요?

식   답   봉지

3

학교에서 체육대회를 하려고 학생 192명을 두 팀으로 똑같이 나누었습니다.
한 팀은 몇 명일까요?

식   답   명

4

연필 945자루를 4반에게 똑같이 나누어 주려고 합니다. 한 반에 몇 자루까지 나누어 줄 수 있을까요?

식   답   자루

5

색종이 281장을 3모둠에게 똑같이 나누어 주려고 합니다. 한 모둠에 몇 장까지 나누어 줄 수 있을까요?

식   답   장

6

초콜릿 645개를 친구들에게 7개씩 나누어 주려고 합니다. 몇 명까지 나누어 줄 수 있을까요?

식   답   명

5 몫의 자리 수

$365 \div 5$

백부터 나누기!
근데 못 나누니까 십으로 바꾸면,
십은 모두 36개

$365 \div 5$

몫이
두 자리 수~

▶ **개념 익히기 1**

백의 자리 수를 4로 나눌 수 있으면 백의 자리 수에 ○표, 나눌 수 없으면 백의 자리
수와 십의 자리 수에 함께 ○표 하세요.

1

4) ③ 6 4

2

4) 1 3 2

3

4) 7 3 2

4) ⑦ 2 4

4) 6 8 4

4) 5 5 6

▶ 정답 및 해설 22쪽 3215

$726 \div 2$

↓
백부터 나누기!
7 안에 2가 들어가니까
백 나누기 가능!

몫이
세 자리 수~

여기 안에 2가 들어가니까
바로 위에 몫을 쓰기

계산하지 않아도
몫의 자리 수를 알 수 있어!

몫이 세 자리 수

여기 안에
3이 들어감!

몫이 두 자리 수

여기 안에
8이 못 들어가면,

한 자리
늘려서 나누기

▶ 개념 익히기 2

백의 자리 수에 ○표 하고, 몫을 쓰는 자리에 전부 Ⅴ표 하세요.

1

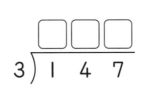

5)② Ⅰ 5

2

3)Ⅰ 4 7

3

6)8 3 5

▶ 개념 다지기 1

나눗셈의 몫이 몇 자리 수인지 구하여 알맞게 선을 그으세요.

1   615 ÷ 7 •

2   284 ÷ 2 •

                                        두 자리 수

3   539 ÷ 6 •

4   402 ÷ 3 •

                                    •   세 자리 수

5   671 ÷ 8 •

6   849 ÷ 9 •

▶ 정답 및 해설 22쪽

▶ 개념 다지기 2

계산해 보세요.

1

$$4 \overline{)\,1\ 6\ 2\,}$$

$$
\begin{array}{r}
4\ 0 \\
4\,)\,1\ 6\ 2 \\
\underline{1\ 6} \\
2
\end{array}
$$

2

$$5 \overline{)\,7\ 3\ 9\,}$$

3

$$3 \overline{)\,2\ 0\ 6\,}$$

4

$$2 \overline{)\,5\ 8\ 3\,}$$

5

$$6 \overline{)\,6\ 0\ 5\,}$$

6

$$7 \overline{)\,4\ 9\ 3\,}$$

▶ 개념 마무리 1

(세 자리 수)÷(한 자리 수)의 몫의 자리 수를 보고, ?에 들어갈 수 있는
수를 모두 쓰세요.

1

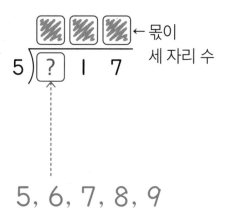

$5\,)\,\fbox{?}\,1\,7$ ← 몫이 세 자리 수

5, 6, 7, 8, 9
_____

2

$\fbox{?}\,)\,7\,6\,3$ ← 몫이 두 자리 수

_____

3

$\fbox{?}\,)\,6\,1\,4$ ← 몫이 두 자리 수

_____

4

$8\,)\,\fbox{?}\,2\,5$ ← 몫이 세 자리 수

_____

5

$3\,)\,\fbox{?}\,9\,1$ ← 몫이 세 자리 수

_____

6

$4\,)\,\fbox{?}\,4\,2$ ← 몫이 두 자리 수

_____

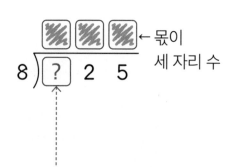

▶ 정답 및 해설 23~25쪽

▶ 개념 마무리 2

조건을 만족하는 수 카드에 ○표 하고, 빈칸에 그 수를 쓰세요.

1

몫이 세 자리 수이고, 나누어떨어지는 나눗셈

→ 495 ÷ [3]   　　　 2 　 5 　 ③

2

몫이 두 자리 수이고, 나누어떨어지는 나눗셈

→ 510 ÷ [ ]   　　　 6 　 4 　 7

3

몫이 세 자리 수이고, 나머지가 있는 나눗셈

→ 375 ÷ [ ]   　　　 3 　 8 　 2

4

몫이 두 자리 수이고, 나누어떨어지는 나눗셈

→ 539 ÷ [ ]   　　　 7 　 5 　 4

5

몫이 세 자리 수이고, 나누어떨어지는 나눗셈

→ 828 ÷ [ ]   　　　 5 　 3 　 9

6

몫이 두 자리 수이고, 나머지가 있는 나눗셈

→ 704 ÷ [ ]   　　　 6 　 2 　 9

지금까지 '(세 자리 수)÷(한 자리 수)'에 대해 살펴보았습니다. 얼마나 제대로 이해했는지 확인해 봅시다.

1

682 ÷ 2를 계산하는 순서에 맞게 기호를 쓰시오.

⊙ 2 ÷ 2 ㉡ 600 ÷ 2 ㉢ 80 ÷ 2

2

몫과 나머지를 구하시오.

$6 \overline{)8 \ 2 \ 7}$

몫 _____

나머지 _____

3

몫에 0이 있는 나눗셈식을 찾아 ○표 하시오.

472 ÷ 4   395 ÷ 3   416 ÷ 2   608 ÷ 5

4

몫의 크기를 비교하여 ○ 안에 >, =, <를 알맞게 쓰시오.

963 ÷ 3 604 ÷ 2

스스로 평가

맞은 개수 8개	◯	매우 잘했어요.
맞은 개수 6~7개	◯	실수한 문제를 확인하세요.
맞은 개수 5개	◯	틀린 문제를 2번씩 풀어 보세요.
맞은 개수 1~4개	◯	앞부분의 내용을 다시 한번 확인하세요.

▶ 정답 및 해설 25~26쪽

5

잘못된 계산을 바르게 계산하시오.

```
      1 2 5
  3 ) 4 7 5
      3
    ─────
      1 7
        6
    ─────
      1 5
      1 5
    ─────
        0
```

⇒

```
  3 ) 4 7 5
```

6

다음 중 몫이 세 자리 수인 나눗셈식은 몇 개인지 구하시오.

$$552 \div 8 \qquad 397 \div 2$$

$$415 \div 4 \qquad 623 \div 7$$

7

꼬치에 떡을 6개씩 꽂아서 떡꼬치를 만들려고 합니다. 떡이 629개일 때, 떡꼬치 몇 개를 만들고, 남는 떡은 몇 개인지 구하시오.

나눗셈식 _____

답 떡꼬치 _____개를 만들고, 떡은 _____개 남습니다.

8

두 나눗셈 모두 몫이 두 자리 수가 되도록 만들려고 합니다. 빈칸에 공통으로 들어갈 수 있는 수를 구하시오.

```
  6 ) □ 2 3          □ ) 4 7 1
```

서술형으로 확인 ✏️

▶ 정답 및 해설 42쪽

1 백 모형 4개, 십 모형 2개, 일 모형 8개를 각각 2곳으로 똑같이 나눌 때, 한 곳에 놓이는 수 모형은 몇이 되는지 구하려고 합니다. 나눗셈식으로 나타내어 보세요. (힌트: 52쪽)

2 몫의 십의 자리가 0이 되는 (세 자리 수)÷(한 자리 수)의 식을 만들고, 계산해 보세요. (힌트: 64~65쪽)

3 517÷3과 492÷8의 몫의 크기를 비교할 때, 계산하지 않고 알 수 있는 방법을 설명하세요. (힌트: 76~77쪽)

 잠깐! 서술형으로 쓰기 어려워? 그럼 앞에서 배운 걸 떠올려 봐. 앞에서 찾아보고 적어도 좋아!

라디오 주파수

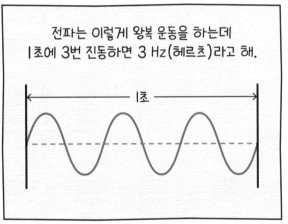

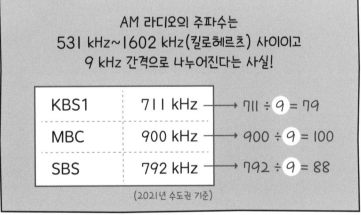

AM 라디오의 각 주파수는 9로 나누어떨어져.

신기하지? 이렇게 9로 나누어떨어지는 수들을 9의 배수라고 해~

두 자리 수로 나누기

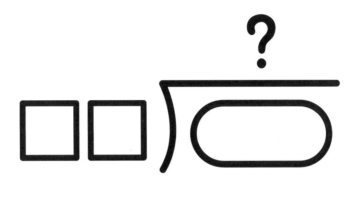

이번 단원에서는 이렇게 두 자리 수로 나누는

나눗셈에 대해 살펴보려고 해.

수는 조금 커졌지만 나눗셈의 의미와 원리는

똑같은 거니까 차근히 살펴보면 어렵지 않을 거야~

자 그럼, 간단한 두 자리 수로 나누는 것부터 시작해 보자!

1 10으로 나누기

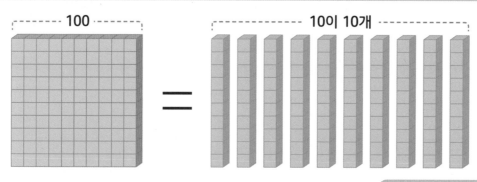

100 안에는 10이 10번 들어있다!

→ $100 \div 10 = 10$

$$\begin{array}{r} 1\,0 \\ 1\,0\,\overline{)\,1\,0\,0} \\ \underline{1\,0\,0} \\ 0 \end{array}$$

(몇백) ÷ 10은
몇십이 되는구냥

$200 \div 10 = 20$ 200 안에는 10이 20번 들어있다!

$300 \div 10 = 30$ 300 안에는 10이 30번 들어있다!

$400 \div 10 = 40$ 400 안에는 10이 40번 들어있다!

▶ 개념 익히기 1

계산해 보세요.

1

$700 \div 10 = 70$

2

$500 \div 10$

3

$900 \div 10$

▶ 정답 및 해설 27쪽

$$210 \div 10 = ?$$

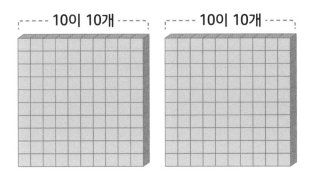

10이 10개   10이 10개   10이 1개

210 안에는 10이 21번 들어있다!

➡ $$210 \div 10 = 21$$

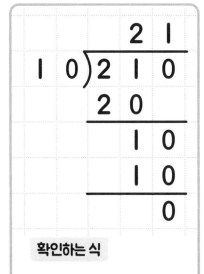

확인하는 식

$$10 \times 21 = 210$$

▶ 개념 익히기 2

빈칸을 알맞게 채우세요.

1

340 안에는 10이 $\boxed{34}$ 번 들어있다.

2

250 안에는 10이 $\boxed{}$ 번 들어있다.

3

460 안에는 10이 $\boxed{}$ 번 들어있다.

▶ 개념 다지기 1

계산해 보세요.

1   $830 \div 10 = 83$

2   $470 \div 10$

3   $620 \div 10$

4   $300 \div 10$

5   $510 \div 10$

6   $790 \div 10$

▶ 개념 다지기 2

빈칸을 알맞게 채우세요.

1

$600 \div 10 =$ 60

600은 십 모형이 60 개

2

$170 \div 10 =$ ☐

170은 십 모형이 ☐ 개

3

$280 \div 10 =$ ☐

280은 십 모형이 ☐ 개

4

$390 \div 10 =$ ☐

390은 십 모형이 ☐ 개

5

$840 \div 10 =$ ☐

840은 십 모형이 ☐ 개

6

$550 \div 10 =$ ☐

550은 십 모형이 ☐ 개

나눗셈을 보고 확인하는 식을 쓰세요.

1

$$
\begin{array}{r}
59 \\
10\overline{)590} \\
50 \\
\hline
90 \\
90 \\
\hline
0
\end{array}
$$

$$10 \times 59 = 590$$

2

$$
\begin{array}{r}
23 \\
10\overline{)230} \\
20 \\
\hline
30 \\
30 \\
\hline
0
\end{array}
$$

_____

3

$$
\begin{array}{r}
48 \\
10\overline{)480} \\
40 \\
\hline
80 \\
80 \\
\hline
0
\end{array}
$$

_____

4

$$
\begin{array}{r}
71 \\
10\overline{)710} \\
70 \\
\hline
10 \\
10 \\
\hline
0
\end{array}
$$

_____

5

$$
\begin{array}{r}
85 \\
10\overline{)850} \\
80 \\
\hline
50 \\
50 \\
\hline
0
\end{array}
$$

_____

6

$$
\begin{array}{r}
92 \\
10\overline{)920} \\
90 \\
\hline
20 \\
20 \\
\hline
0
\end{array}
$$

_____

▶ 개념 마무리 2

빈칸을 알맞게 채우세요.

1

$$\boxed{150} \div 10 = 15$$

2

$$\boxed{} \div 10 = 37$$

3

$$520 \div \boxed{} = 52$$

4

$$490 \div 10 = \boxed{}$$

5

$$\boxed{} \div 10 = 80$$

6

$$260 \div \boxed{} = 26$$

2 몇십으로 나누기 (1)

$$120 \div 30 = ?$$

30씩 묶기!

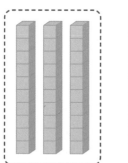 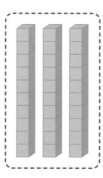 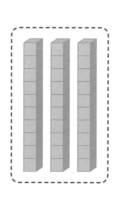 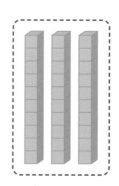

4묶음!

120을 30씩 묶으면 4묶음!

120 안에 30이 4번 들어있다.

$$120 - 30 - 30 - 30 - 30 = 0$$
└─── 4번 ───┘

$$120 \div 30 = 4$$

120은   30씩   4묶음

▶ 개념 익히기 1

뺄셈식을 나눗셈식으로 바꾸어 쓰세요.

1
$$150 - 50 - 50 - 50 = 0$$

➡ $$150 \div 50 = 3$$

2
$$100 - 20 - 20 - 20 - 20 - 20 = 0$$

➡ _____

3
$$160 - 40 - 40 - 40 - 40 = 0$$

➡ _____

▶ 정답 및 해설 28쪽

$$120 \div 30 = 4$$

십 모형	십 모형	
12개를	3개씩 묶으면	4묶음

$$12 \div 3 = 4$$

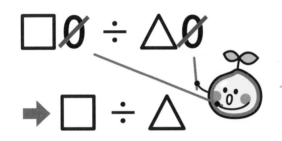

확인하는 식

$$30 \times 4 = 120$$

□0̸ ÷ △0̸

➡ □ ÷ △

둘 다 똑같이 0이 붙어 있으면?
➡ 둘 다 똑같이 0을 떼고
생각하면 쉬워~

개념 익히기 2

나눗셈식을 보고 십 모형을 알맞게 묶어 보세요.

1

$$150 \div 50$$

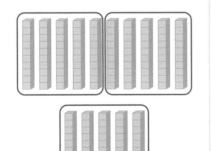

2

$$100 \div 20$$

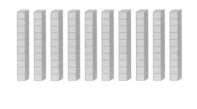

3

$$160 \div 40$$

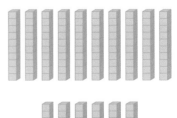

빈칸을 알맞게 채우세요.

1 720 ÷ 90

십 모형 | 십 모형
72 개 | 9 개

72 ÷ 9 = 8

➡ 720 ÷ 90 = 8

2 210 ÷ 30

십 모형 | 십 모형
☐ 개 | ☐ 개

☐ ÷ ☐ = ☐

➡ 210 ÷ 30 = ☐

3 480 ÷ 80

십 모형 | 십 모형
☐ 개 | ☐ 개

☐ ÷ ☐ = ☐

➡ 480 ÷ 80 = ☐

4 350 ÷ 70

십 모형 | 십 모형
☐ 개 | ☐ 개

☐ ÷ ☐ = ☐

➡ 350 ÷ 70 = ☐

5 540 ÷ 60

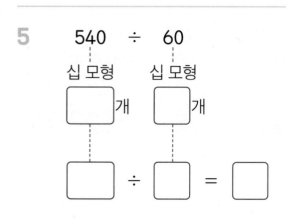

십 모형 | 십 모형
☐ 개 | ☐ 개

☐ ÷ ☐ = ☐

➡ 540 ÷ 60 = ☐

6 630 ÷ 90

십 모형 | 십 모형
☐ 개 | ☐ 개

☐ ÷ ☐ = ☐

➡ 630 ÷ 90 = ☐

▶ 정답 및 해설 29쪽

▶ 개념 다지기 2

가장 끝자리에 공통으로 있는 0에 /표를 하고, 나눗셈식을 간단히 바꿔서 계산하세요.

1

$$480 \div 60$$

$$= \underline{\quad 48 \div 6 \quad}$$

$$= \underline{\quad\quad 8 \quad\quad}$$

2

$$280 \div 40$$

$$= \underline{\quad\quad\quad}$$

$$= \underline{\quad\quad\quad}$$

3

$$360 \div 90$$

$$= \underline{\quad\quad\quad}$$

$$= \underline{\quad\quad\quad}$$

4

$$720 \div 80$$

$$= \underline{\quad\quad\quad}$$

$$= \underline{\quad\quad\quad}$$

5

$$420 \div 70$$

$$= \underline{\quad\quad\quad}$$

$$= \underline{\quad\quad\quad}$$

6

$$640 \div 80$$

$$= \underline{\quad\quad\quad}$$

$$= \underline{\quad\quad\quad}$$

계산해 보세요.

1
$210 \div 30 = 7$

2
$450 \div 50$

3
$360 \div 60$

4
$560 \div 80$

5
$630 \div 70$

6
$270 \div 90$

▶ 개념 마무리 2

몫이 짝수이면 노란색, 홀수이면 파란색으로 색칠하세요.

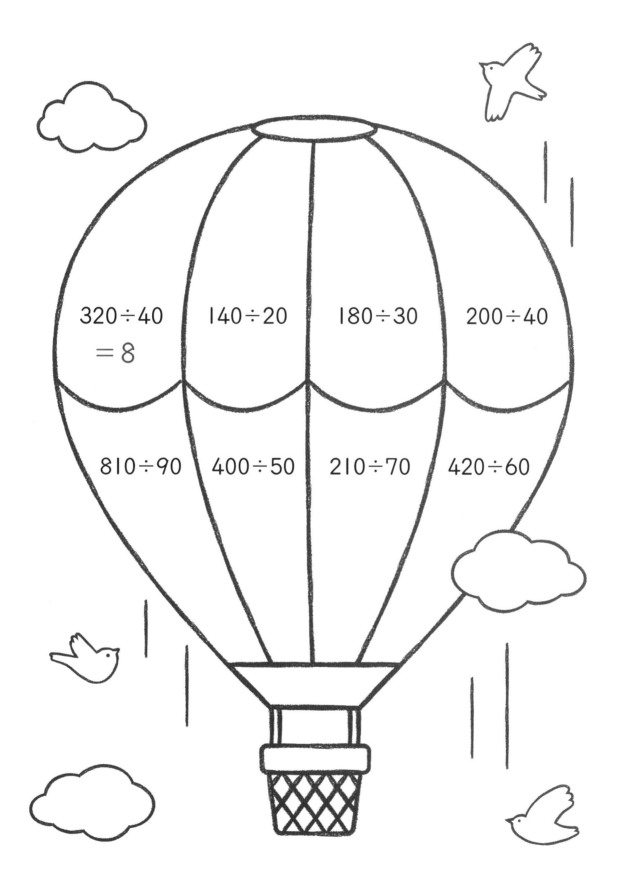

320÷40 =8

140÷20

180÷30

200÷40

810÷90

400÷50

210÷70

420÷60

3 몇십으로 나누기 (2)

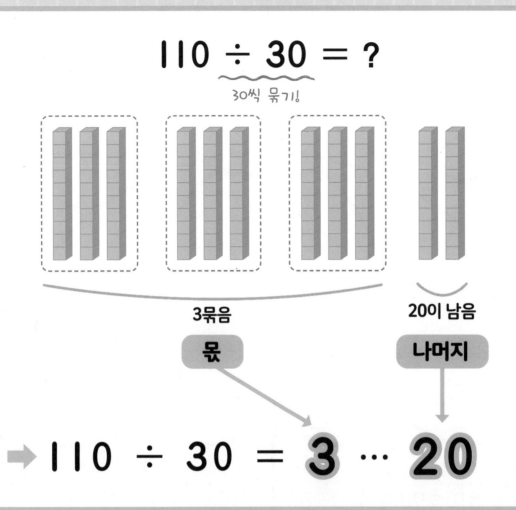

$$110 \div 30 = ?$$

30씩 묶기

3묶음

몫

20이 남음

나머지

➡ $110 \div 30 = 3 \cdots 20$

▶ **개념 익히기 1**

그림을 보고 빈칸을 알맞게 채우세요.

1

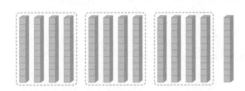

$130 \div 40 = \boxed{3} \cdots \boxed{10}$

2

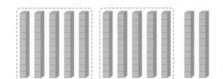

$120 \div 50 = \boxed{} \cdots \boxed{}$

3

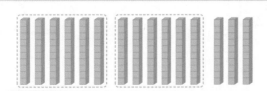

$150 \div 60 = \boxed{} \cdots \boxed{}$

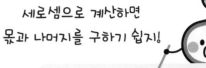

$$110 \div 30$$

➡ $11 \div 3 = 3 \cdots 2$

묶음이 3개   남은 것은
십 모형 2개

묶은   나머지는
그대로   다시 0 붙이기

$$110 \div 30 = 3 \cdots 20$$

세로셈으로 계산하면
몫과 나머지를 구하기 쉽지!

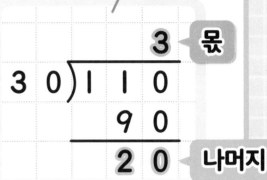

몫

나머지

확인하는 식

$30 \times 3 = 90,$
$90 + 20 = 110$

□0 ÷ △0 이렇게 나누면
몫은 그대로, 나머지는 다시 0 붙이기!

▶ 개념 익히기 2

빈칸을 알맞게 채우세요.

1

```
        4
  3 0 ) 1 4 0
        1 2 0
          2 0
```

2

```
          □
  2 0 ) 1 9 0
        1 8 0
        □ □
```

3

```
          □
  4 0 ) 2 3 0
        2 0 0
        □ □
```

빈칸을 알맞게 채우세요.

1　170 ÷ 40

$17 \div 4 = \boxed{4} \cdots \boxed{1}$

$170 \div 40 = \boxed{4} \cdots 10$

2　440 ÷ 60

$44 \div 6 = \boxed{} \cdots \boxed{}$

$440 \div 60 = \boxed{} \cdots 20$

3　310 ÷ 50

$31 \div 5 = \boxed{} \cdots 1$

$310 \div 50 = \boxed{} \cdots \boxed{}$

4　240 ÷ 70

$24 \div 7 = \boxed{} \cdots 3$

$240 \div 70 = \boxed{} \cdots \boxed{}$

5　410 ÷ 90

$41 \div 9 = \boxed{} \cdots \boxed{}$

$410 \div 90 = \boxed{} \cdots \boxed{}$

6　520 ÷ 80

$52 \div 8 = \boxed{} \cdots \boxed{}$

$520 \div 80 = \boxed{} \cdots \boxed{}$

▶ 개념 다지기 2

계산해 보세요.

1

$$
\begin{array}{r}
4 \\
60 \overline{\smash{)}\,2\ 5\ 0} \\
2\ 4\ 0 \\
\hline
1\ 0
\end{array}
$$

2

$$
50 \overline{\smash{)}\,1\ 8\ 0}
$$

3

$$
40 \overline{\smash{)}\,3\ 0\ 0}
$$

4

$$
70 \overline{\smash{)}\,4\ 6\ 0}
$$

5

$$
80 \overline{\smash{)}\,3\ 9\ 0}
$$

6

$$
60 \overline{\smash{)}\,5\ 1\ 0}
$$

▶ 개념 마무리 1

설명이 옳은 것에 ○표, 틀린 것에 ✕표 하세요.

1

$90\overline{)800}$

- 전체를 90씩 묶으면 묶음이 9개이다. (✕)
- 80÷9와 몫이 같다. (○)

2

$50\overline{)370}$

- 전체를 50씩 묶으면 묶음이 7개이다. (   )
- 37÷5와 나머지가 같다. (   )

3

$80\overline{)430}$

- 43÷8과 몫이 같다. (   )
- 나누어떨어지는 나눗셈이다. (   )

4

$40\overline{)290}$

- 십 모형 29개를 4개씩 묶는 것과 묶음의 수가 같다. (   )
- 나머지가 10이다. (   )

5

$60\overline{)500}$

- 500÷6과 몫이 같다. (   )
- 50÷6과 나머지가 같다. (   )

6

$70\overline{)580}$

- 70×9=630이므로 몫은 9보다 작다. (   )
- 나머지가 0이다. (   )

▶ 정답 및 해설 31쪽

3221

▶ 개념 마무리 2

물음에 답하세요.

1

굴 590개를 한 상자에 80개씩 담으면 몇 상자가 되고, 남는 굴은 몇 개일까요?

식 $590 \div 80 = 7 \cdots 30$

답   7   상자가 되고, 남는 굴은   30   개입니다.

2

책 350권을 40권씩 묶으면 몇 묶음이 되고, 몇 권이 남을까요?

식 _____

답 _____ 묶음이 되고, _____ 권이 남습니다.

3

달걀 280개를 한 판에 30개씩 담아서 팔려고 합니다. 팔 수 있는 달걀은 몇 판이고, 남는 달걀은 몇 개일까요?

식 _____

답 _____ 판을 팔 수 있고, 남는 달걀은 _____ 개입니다.

4

사탕 470개를 50봉지에 똑같이 나누어 담으면, 한 봉지에 사탕을 몇 개씩 담고, 남는 사탕은 몇 개일까요?

식 _____

답 한 봉지에 사탕을 _____ 개씩 담고, 남는 사탕은 _____ 개입니다.

4 몫의 자리 수 구분하기

두 자리 수로 나눌 때 몫의 자리 수

몫이 한 자리 수이면
일의 자리에 쓰기!

몫이 두 자리 수이면
십의 자리와 일의 자리에!

```
       ▨
30 ) 299
     298
     297
     296
     ⋮
```
30의 10배
보다 작음!

```
      10
30 ) 300
```
30의
10배

```
      ▨▨
30 ) 301
     302
     303
     304
     ⋮
```
30의 10배
보다 큼!

▶ **개념 익히기 1**

나누어지는 수가 나누는 수의 10배일 때, 몫을 알맞게 쓰세요.

1

```
    □ 1 0
50 ) 5 0 0
```

2

```
    □ □ □
40 ) 4 0 0
```

3

```
    □ □ □
60 ) 6 0 0
```

세 자리 수를 **두 자리 수**로 나눌 때는,　**앞의 두 자리 수만 보면** 몫이 몇 자리 수인지 알 수 있어!

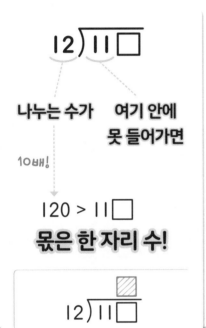

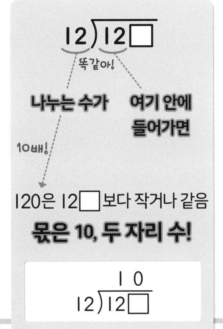

▶ 개념 익히기 2

나눗셈식에서 ⌣ 표시한 부분을 보고 알맞은 말에 ○표 하세요.

1

$$20\overline{)159}$$

↓

20이 15 안에
(들어가니까 , (못 들어가니까))
몫은 ((한) , 두) 자리 수

2

$$42\overline{)245}$$

↓

42가 24 안에
(들어가니까 , 못 들어가니까)
몫은 (한 , 두) 자리 수

3

$$50\overline{)507}$$

↓

50이 50 안에
(들어가니까 , 못 들어가니까)
몫은 (한 , 두) 자리 수

나누어떨어지는 나눗셈식이 되도록 빈칸을 알맞게 채우세요.

1

$$56 \overline{)560}$$ 몫: 10

2

$$\boxed{} \overline{)400}$$ 몫: 10

3

$$23 \overline{)\boxed{}}$$ 몫: 10

4

$$\boxed{} \overline{)300}$$ 몫: 10

5

$$\boxed{} \overline{)900}$$ 몫: 10

6

$$87 \overline{)\boxed{}}$$ 몫: 10

▶ 정답 및 해설 32쪽

▶ 개념 다지기 2

나눗셈의 몫이 몇 자리 수인지 빈칸을 알맞게 채우세요.

1

$$35 \overline{)\, 7\ 8\ 9}$$

?

몫은 두 자리 수입니다.

2

$$50 \overline{)\, 4\ 5\ 1}$$

?

몫은 ☐ 자리 수입니다.

3

$$40 \overline{)\, 3\ 9\ 0}$$

?

몫은 ☐ 자리 수입니다.

4

$$68 \overline{)\, 6\ 8\ 4}$$

?

몫은 ☐ 자리 수입니다.

5

$$76 \overline{)\, 4\ 9\ 2}$$

?

몫은 ☐ 자리 수입니다.

6

$$31 \overline{)\, 3\ 2\ 0}$$

?

몫은 ☐ 자리 수입니다.

몫이 한 자리 수인 나눗셈식을 따라 선을 그어서, 미로를 통과하세요.

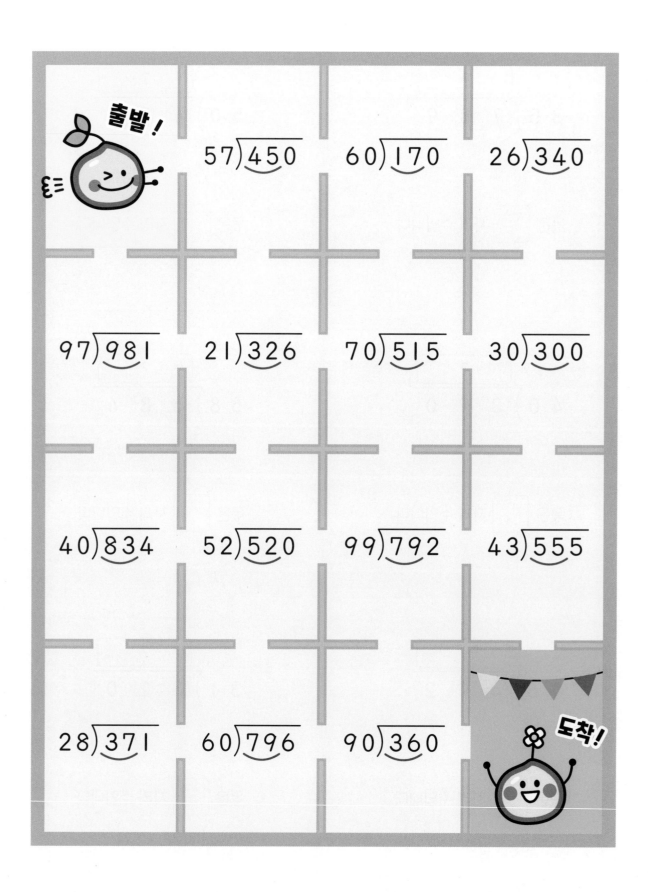

출발!

$57 \overline{)450}$ $60 \overline{)170}$ $26 \overline{)340}$

$97 \overline{)981}$ $21 \overline{)326}$ $70 \overline{)515}$ $30 \overline{)300}$

$40 \overline{)834}$ $52 \overline{)520}$ $99 \overline{)792}$ $43 \overline{)555}$

$28 \overline{)371}$ $60 \overline{)796}$ $90 \overline{)360}$

도착!

▶ 정답 및 해설 32~33쪽

▶ 개념 마무리 2

몫이 몇 자리 수인지 보고 ?에 들어갈 수 있는 수 카드를 찾아 ○표 하세요.

1

8 0) [?]

| 600 | 700 | (800) |

2

?) 3 3 0

| 19 | 30 | 59 |

3

4 0) [?]

| 250 | 450 | 650 |

4

?) 5 2 5

| 45 | 62 | 88 |

5

6 0) [?]

| 560 | 590 | 620 |

6

?) 8 1 3

| 50 | 73 | 90 |

5 □□ ÷ □□

□□ ÷ □□ 는
몫이 ▨

왜냐면!
★ 두 자리 수를 10배 하면 세 자리 수!

□□ × 10 = □□0

12의 10배보다
작음

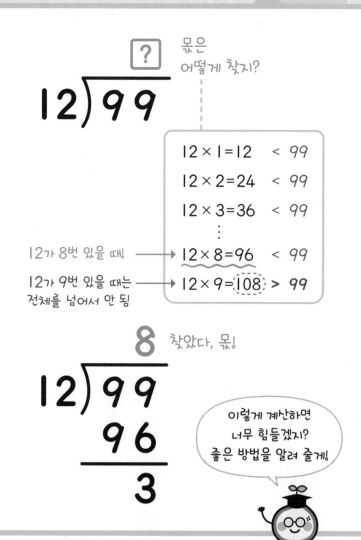

▶ **개념 익히기 1**

나눗셈의 몫을 곱셈식에서 찾아 ○표 하세요.

1

85 ÷ 13

13 × 4 = 52
13 × 5 = 65
13 ×⑥= 78
13 × 7 = 91

2

96 ÷ 25

25 × 2 = 50
25 × 3 = 75
25 × 4 = 100
25 × 5 = 125

3

74 ÷ 16

16 × 2 = 32
16 × 3 = 48
16 × 4 = 64
16 × 5 = 80

▶ 정답 및 해설 34쪽

3224

(두 자리 수) ÷ (두 자리 수) 계산하기

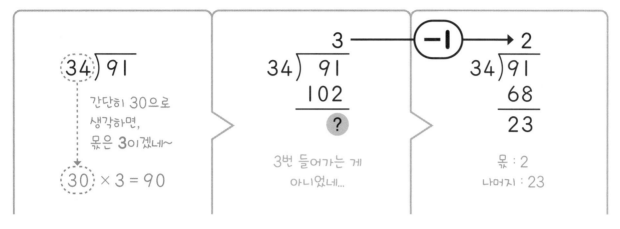

34)91

간단히 30으로
생각하면,
몫은 **3**이겠네~

30 × 3 = 90

3번 들어가는 게
아니었네...

3번 들어가는 게
아니었네...

몫 : 2
나머지 : 23

① 몫 예상하기 ➡ **②** 몫 확인하기 ➡ **③** 몫 고치기

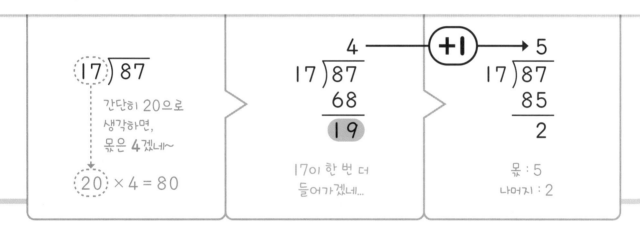

17)87

간단히 20으로
생각하면,
몫은 **4**겠네~

20 × 4 = 80

17이 한 번 더
들어가겠네...

몫 : 5
나머지 : 2

▶ 개념 익히기 2

나누는 수를 가까운 몇십으로 바꾸어 보세요.

1

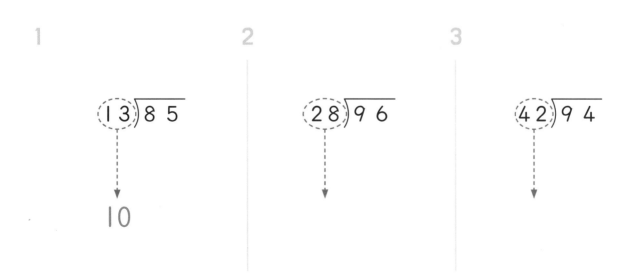

13)85

10

2

28)96

3

42)94

괄호 안에서 알맞은 것에 ○표 하고, 몫을 고쳐 쓰세요.

1

$$\begin{array}{r} 5 \\ 12\overline{)54} \\ 60 \\ \hline ? \end{array}$$
— (+1 , ⊖1) →
$$\begin{array}{r} \boxed{4} \\ 12\overline{)54} \end{array}$$

2

$$\begin{array}{r} 3 \\ 19\overline{)88} \\ 57 \\ \hline 31 \end{array}$$
— (+1 , −1) →
$$\begin{array}{r} \square \\ 19\overline{)88} \end{array}$$

3

$$\begin{array}{r} 4 \\ 24\overline{)91} \\ 96 \\ \hline ? \end{array}$$
— (+1 , −1) →
$$\begin{array}{r} \square \\ 24\overline{)91} \end{array}$$

4

$$\begin{array}{r} 6 \\ 13\overline{)76} \\ 78 \\ \hline ? \end{array}$$
— (+1 , −1) →
$$\begin{array}{r} \square \\ 13\overline{)76} \end{array}$$

5

$$\begin{array}{r} 2 \\ 27\overline{)89} \\ 54 \\ \hline 35 \end{array}$$
— (+1 , −1) →
$$\begin{array}{r} \square \\ 27\overline{)89} \end{array}$$

6

$$\begin{array}{r} 2 \\ 32\overline{)97} \\ 64 \\ \hline 33 \end{array}$$
— (+1 , −1) →
$$\begin{array}{r} \square \\ 32\overline{)97} \end{array}$$

▶ 정답 및 해설 34쪽

3225

▶ 개념 다지기 2

빈칸을 알맞게 채우고, 계산해 보세요.

1

$$82 \div 23$$

① 몫 예상하기

$$20 \times \boxed{4} = \boxed{80}$$

② 몫 확인하기

```
      4
 23)8 2
    9 2
      ?
```

③ 몫 고치기

```
      3
 23)8 2
    6 9
    1 3
```

2

$$97 \div 18$$

① 몫 예상하기

$$20 \times \boxed{} = \boxed{}$$

② 몫 확인하기

```
 18)9 7
```

③ 몫 고치기

```
 18)9 7
```

3

$$86 \div 12$$

① 몫 예상하기

$$\boxed{} \times \boxed{} = \boxed{}$$

② 몫 확인하기

```
 12)8 6
```

③ 몫 고치기

```
 12)8 6
```

4

$$77 \div 19$$

① 몫 예상하기

$$\boxed{} \times \boxed{} = \boxed{}$$

② 몫 확인하기

```
 19)7 7
```

③ 몫 고치기

```
 19)7 7
```

개념 마무리 1

계산해 보세요.

1

```
          4
  1 9 ) 8 2
        7 6
          6
```

2

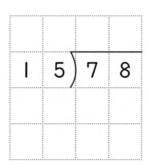

```
  1 6 ) 9 3
```

3

```
  2 4 ) 8 7
```

4

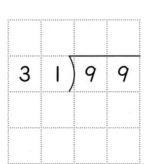

```
  3 1 ) 9 9
```

5

```
  1 5 ) 7 8
```

6

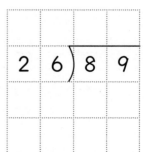

```
  2 6 ) 8 9
```

▶ 개념 마무리 2

몫의 크기를 비교하여 ◯ 안에 >, =, <를 알맞게 쓰세요.

1

$$85 \div 16 \;\;>\;\; 79 \div 33$$

2

$$98 \div 27 \;\;\bigcirc\;\; 88 \div 12$$

3

$$75 \div 11 \;\;\bigcirc\;\; 93 \div 19$$

4

$$86 \div 24 \;\;\bigcirc\;\; 41 \div 22$$

5

$$95 \div 17 \;\;\bigcirc\;\; 92 \div 14$$

6

$$82 \div 13 \;\;\bigcirc\;\; 95 \div 31$$

6 몫이 한 자리 수인 나눗셈

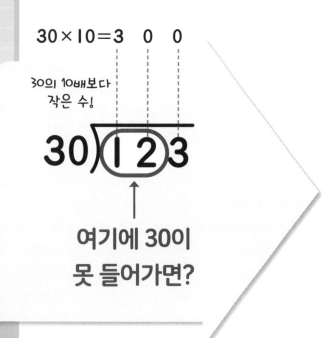

$30 \times 10 = 3\ 0\ 0$

30의 10배보다 작은 수!

$30\overline{)1\ 2\ 3}$

여기에 30이 못 들어가면?

그러니까 123 ÷ 30의 몫은 10보다 작겠네...

몫은 한 자리 수!

여기에 몫을 쓰지~

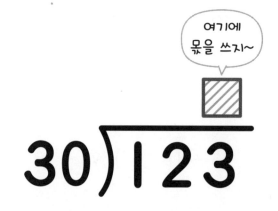

$30\overline{)1\ 2\ 3}$

▶ **개념 익히기 1**

몫을 써야 하는 자리에 V표 하세요.

1

$50\overline{)2\ 7\ 8}$ (□ □ V)

2

$40\overline{)3\ 5\ 6}$ (□ □ □)

3

$60\overline{)4\ 9\ 1}$ (□ □ □)

▶ 정답 및 해설 36쪽

몫을 찾는 방법

↳ 몇 번 들어가는지 생각하기

몫만 알면 쭉쭉~ 계산할 수 있지!

$$\begin{array}{r} 4 \\ 30\overline{\smash{)}123} \\ 120 \\ \hline 3 \end{array}$$

123 안에 30이 4번 들어감

30이 4번 $30 \times 4 = 120$

남은 것이 3

30이 2번 있으면 → $30 \times 2 = 60$

30이 3번 있으면 → $30 \times 3 = 90$

30이 4번 있으면 → $30 \times 4 = 120$

30이 5번 있으면 → $30 \times 5 = 150$ ✕

전체 123을 넘으면 안 돼!

찾았다, 몫!

➡ **123 안에 30이 4번 들어감**

몫 : 4

▶ 개념 익히기 2

계산을 하고, 몫과 나머지를 쓰세요.

1

$$\begin{array}{r} 6 \\ 30\overline{\smash{)}192} \\ 180 \\ \hline 12 \end{array}$$

몫: _____

나머지: _____

2

$$\begin{array}{r} 7 \\ 50\overline{\smash{)}374} \\ \hline \\ \hline \end{array}$$

몫: _____

나머지: _____

3

$$\begin{array}{r} 3 \\ 70\overline{\smash{)}253} \\ \hline \\ \hline \end{array}$$

몫: _____

나머지: _____

▶ 개념 다지기 1

곱셈을 이용하여 나눗셈의 몫을 구하세요.

1

50이 8번이면, 50 × 8 = __400__

50이 9번이면, 50 × 9 = __450__

➡ 437 안에 50이 ⑧ 번 들어갑니다.

2

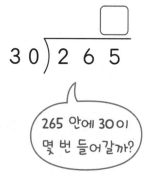

30이 8번이면, 30 × 8 = _____

30이 9번이면, 30 × 9 = _____

➡ 265 안에 30이 ☐ 번 들어갑니다.

3

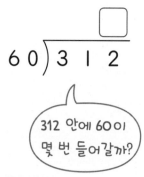

60이 5번이면, 60 × 5 = _____

60이 6번이면, 60 × 6 = _____

➡ 312 안에 60이 ☐ 번 들어갑니다.

4

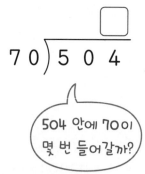

70이 7번이면, 70 × 7 = _____

70이 8번이면, 70 × 8 = _____

➡ 504 안에 70이 ☐ 번 들어갑니다.

▶ 개념 다지기 2

몫이 있는 곱셈식에 ○표 하고, 세로셈을 계산하여 문장을 완성하세요.

1

$$40 \overline{)295}$$ 몫 7, 280, 나머지 15

$40 \times 5 = 200$
$40 \times 6 = 240$
$40 \times 7 = 280$
$40 \times 8 = 320$

→ 295 안에 40이 ___7___ 번
들어가고 ___15___ 가 남습니다.

2

$$50 \overline{)481}$$

$50 \times 7 = 350$
$50 \times 8 = 400$
$50 \times 9 = 450$
$50 \times 10 = 500$

→ 481 안에 50이 _____ 번
들어가고 _____ 이 남습니다.

3

$$30 \overline{)256}$$

$30 \times 6 = 180$
$30 \times 7 = 210$
$30 \times 8 = 240$
$30 \times 9 = 270$

→ 256 안에 30이 _____ 번
들어가고 _____ 이 남습니다.

4

$$60 \overline{)372}$$

$60 \times 5 = 300$
$60 \times 6 = 360$
$60 \times 7 = 420$
$60 \times 8 = 480$

→ 372 안에 60이 _____ 번
들어가고 _____ 가 남습니다.

5

$$70 \overline{)609}$$

$70 \times 6 = 420$
$70 \times 7 = 490$
$70 \times 8 = 560$
$70 \times 9 = 630$

→ 609 안에 70이 _____ 번
들어가고 _____ 가 남습니다.

6

$$90 \overline{)358}$$

$90 \times 2 = 180$
$90 \times 3 = 270$
$90 \times 4 = 360$
$90 \times 5 = 450$

→ 358 안에 90이 _____ 번
들어가고 _____ 이 남습니다.

1

```
           8
60 ) 4 8 3
     4 8 0
           3
```

2

```
70 ) 2 4 4
```

3

```
50 ) 2 9 8
```

4

```
80 ) 5 5 9
```

5

```
70 ) 3 2 1
```

6

```
90 ) 6 4 5
```

▶ 개념 마무리 2

몫이 다른 나눗셈 하나를 찾아 ◯표 하세요.

1

$$40 \overline{)341} \qquad \boxed{40 \overline{)269}} \qquad 50 \overline{)427}$$

2

$$30 \overline{)165} \qquad 50 \overline{)273} \qquad 20 \overline{)148}$$

3

$$50 \overline{)463} \qquad 30 \overline{)225} \qquad 60 \overline{)436}$$

4

$$70 \overline{)292} \qquad 40 \overline{)207} \qquad 30 \overline{)140}$$

5

$$60 \overline{)314} \qquad 20 \overline{)139} \qquad 50 \overline{)323}$$

6

$$40 \overline{)155} \qquad 80 \overline{)245} \qquad 30 \overline{)297}$$

7 몫이 두 자리 수인 나눗셈

30 × 20

600에는 30이 20번 들어가고,

30 × 3

111에는 30이 3번 들어가고 21이 남아요!

➡ 711에는 30이 23번 들어가고 21이 남음

세로셈으로

두 자리 수로 나눌 때는,

$$30 \overline{)711}$$

앞의 두 자리에 들어가는지 보기!

➡ 들어가니까, 몫은 두 자리 수!

▶ **개념 익히기 1**

두 자리 수로 나눌 때, 가장 먼저 나누어지는 부분에 ○표 하세요.

1

$$21 \overline{)840}$$

2

$$40 \overline{)918}$$

3

$$55 \overline{)607}$$

▶ 정답 및 해설 37쪽

1단계

두 자리 수로   앞의 두 자리까지
나누니까,   보기

2단계

7l 안에 30이
들어가는 횟수
↓
②

3단계

4단계

5단계

111 안에 30이
들어가는 횟수
↓
2③

30)711
  60
 111

6단계

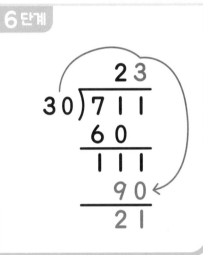

▶ **개념 익히기 2**

나누어지는 수의 앞의 두 자리에 40이 들어가면 ○표, 못 들어가면 ✕표 하세요.

1   2   3

40)847   40)218   40)663

(○)   (   )   (   )

► **개념 다지기 1**

4 또는 40으로 나누는 나눗셈입니다. 가장 먼저 나누어지는 부분에
○표 하세요.

1

$4\overline{)\,⑧\;2\;9}$

2

$40\overline{)\,5\;6\;8}$

3

$40\overline{)\,7\;3\;1}$

4

$4\overline{)\,6\;3\;9}$

5

$40\overline{)\,6\;9\;0}$

6

$4\overline{)\,9\;9\;8}$

▶ 개념 다지기 2

가장 먼저 나누어지는 부분에 밑줄을 긋고, 나누는 수가 몇 번 들어가는지 빈칸을
알맞게 채우세요.

1

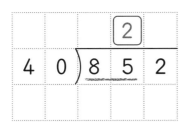

$$40 \overline{)\ 8\ 5\ 2}$$ 몫: 2

2

$$50 \overline{)\ 9\ 1\ 7}$$

3

$$22 \overline{)\ 7\ 2\ 3}$$

4

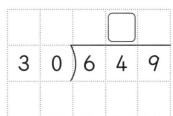

$$30 \overline{)\ 6\ 4\ 9}$$

5

$$71 \overline{)\ 8\ 0\ 5}$$

6

$$20 \overline{)\ 9\ 5\ 2}$$

나눗셈 과정을 완성해 보세요.

1

```
        2 1
   ┌─────────
4 0│ 8 5 2
   │ ┌───┐
   │ └───┘
   │   □ 2
   │   4 0
   │ ─────
   │   1 2
```

2

```
        □ 8
   ┌─────────
5 0│ 9 1 7
   │ ┌───┐
   │ └───┘
   │ ┌───┐ 7
   │ └───┘
   │   4 0 0
   │ ───────
   │     1 7
```

3

```
        □ 2
   ┌─────────
2 2│ 7 2 3
   │ ┌───┐
   │ └───┘
   │   □ 3
   │   4 4
   │ ─────
   │   1 9
```

4

```
        2 □
   ┌─────────
3 0│ 6 8 4
   │ 6 0
   │ ─────
   │   8 □
   │ ┌─────┐
   │ └─────┘
   │ ┌─────┐
   │ └─────┘
```

5

```
        1 □
   ┌─────────
7 1│ 8 0 5
   │ 7 1
   │ ─────
   │   9 □
   │ ┌─────┐
   │ └─────┘
   │ ┌─────┐
   │ └─────┘
```

6

```
        4 □
   ┌─────────
2 0│ 9 5 2
   │ 8 0
   │ ─────
   │ 1 5 □
   │ ┌─────┐
   │ └─────┘
   │ ┌─────┐
   │ └─────┘
```

▶ **개념 마무리 2**

계산해 보세요.

1

```
          3 6
  2 0 ) 7 2 8
        6 0
      1 2 8
      1 2 0
            8
```

2

```
  4 6 ) 9 7 3
```

3

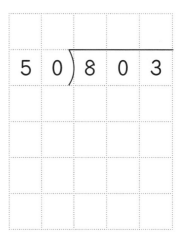

```
  2 0 ) 7 2 8
```

4

```
  3 1 ) 7 1 9
```

5

```
  6 0 ) 9 2 3
```

6

```
  5 0 ) 8 0 3
```

8 □□□ ÷ □□

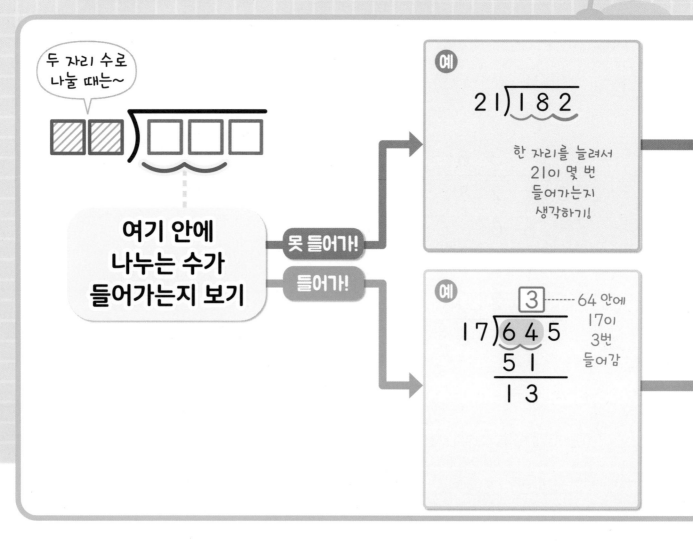

여기 안에 나누는 수가 들어가는지 보기

두 자리 수로 나눌 때는~

못 들어가!

들어가!

예

21)182

한 자리를 늘려서 21이 몇 번 들어가는지 생각하기!

예

17)645

3

64 안에 17이 3번 들어감

51

13

▶ 개념 익히기 1

나누는 수를 가까운 몇십으로 생각할 때, 빈칸을 알맞게 채우세요.

1

78)634

80 × 7 = 560

몫을 7 로 예상

2

53)259

50 × □ = □

몫을 □ 로 예상

3

37)308

40 × □ = □

몫을 □ 로 예상

▶ 정답 및 해설 39쪽

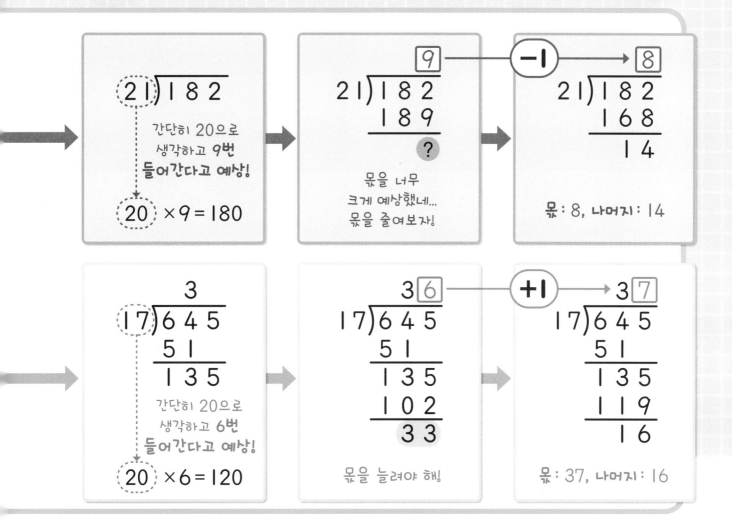

▶ 개념 익히기 2

몫을 알맞게 고쳐서 쓰세요.

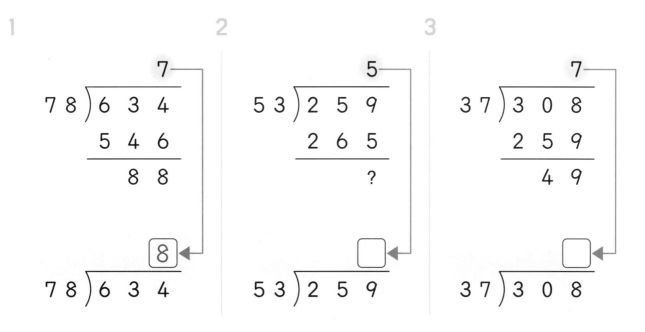

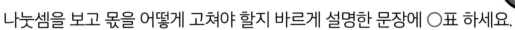

▶ 개념 다지기 1

나눗셈을 보고 몫을 어떻게 고쳐야 할지 바르게 설명한 문장에 ◯표 하세요.

1

$$17 \overline{)117} 5$$
$$85$$

- 몫을 고치지 않아요.　（　）
- 몫을 1 작게 고쳐요.　（　）
- 몫을 1 크게 고쳐요.　（◯）

2

$$49 \overline{)326} 6$$
$$294$$

- 몫을 고치지 않아요.　（　）
- 몫을 1 작게 고쳐요.　（　）
- 몫을 1 크게 고쳐요.　（　）

3

$$22 \overline{)185} 9$$
$$198$$

- 몫을 고치지 않아요.　（　）
- 몫을 1 작게 고쳐요.　（　）
- 몫을 1 크게 고쳐요.　（　）

4

$$36 \overline{)304} 7$$
$$252$$

- 몫을 고치지 않아요.　（　）
- 몫을 1 작게 고쳐요.　（　）
- 몫을 1 크게 고쳐요.　（　）

5

$$41 \overline{)295} 7$$
$$287$$

- 몫을 고치지 않아요.　（　）
- 몫을 1 작게 고쳐요.　（　）
- 몫을 1 크게 고쳐요.　（　）

6

$$33 \overline{)241} 8$$
$$264$$

- 몫을 고치지 않아요.　（　）
- 몫을 1 작게 고쳐요.　（　）
- 몫을 1 크게 고쳐요.　（　）

3229

▶ 개념 다지기 2

나눗셈을 이어서 하기 위해 빈칸을 알맞게 채우고, 계산해 보세요.

1 307 ÷ 18 **2** 857 ÷ 31 **3** 964 ÷ 42

1

```
        1
  18) 3 0 7
     1 8
     1 2 7
```

20 으로 생각하면

20×6=120이니까

몫의 일의 자리 수를

6 으로 예상!

↓

```
      1 □
  18) 3 0 7
     1 8
     1 2 7
    ┌─────┐
    └─────┘
    ┌─────┐
    └─────┘
```

↓

```
  18) 3 0 7
```

몫: _____

나머지: _____

2

```
        2
  31) 8 5 7
     6 2
     2 3 7
```

□ 으로 생각하면

30×7=210이니까

몫의 일의 자리 수를

□ 로 예상!

↓

```
      2 □
  31) 8 5 7
     6 2
     2 3 7
    ┌─────┐
    └─────┘
    ┌─────┐
    └─────┘
```

몫: _____

나머지: _____

3

```
        2
  42) 9 6 4
     8 4
     1 2 4
```

□ 으로 생각하면

40×3=120이니까

몫의 일의 자리 수를

□ 으로 예상!

↓

```
      2 □
  42) 9 6 4
     8 4
     1 2 4
    ┌─────┐
    └─────┘
    ┌─────┐
    └─────┘
```

↓

```
  42) 9 6 4
```

몫: _____

나머지: _____

▶ 개념 마무리 1

계산해 보세요.

1

```
          7
27 ) 1 9 8
     1 8 9
         9
```

2

```
35 ) 2 4 7
```

3

```
21 ) 8 1 6
```

4

```
49 ) 9 0 1
```

5

```
62 ) 3 7 9
```

6

```
58 ) 7 4 3
```

▶ 정답 및 해설 40쪽

3230

▶ 개념 마무리 2

물음에 답하세요.

1

연필 151자루를 필통에 담으려고 합니다. 필통 1개에 연필을 24자루 넣을 수 있을 때, 연필을 빠짐없이 모두 넣으려면 필통은 적어도 몇 개 필요할까요?

식　　　　151 ÷ 24 = 6 ··· 7　　　　답　　　7　　개

2

한 번에 62명씩 탈 수 있는 바이킹을 타기 위해 349명이 줄을 서있습니다. 줄을 선 사람들을 빠짐없이 모두 태우려면 바이킹은 적어도 몇 번 운행해야 할까요?

식　　　　　　　　　　　　　　　　답　　　　　번

3

리본 하나를 만드는 데 끈이 41 cm 필요합니다. 끈 508 cm로 리본을 만든다면 몇 개까지 만들 수 있을까요?

식　　　　　　　　　　　　　　　　답　　　　　개

4

불우이웃을 돕기 위해 연탄 406장을 나르려고 합니다. 한 번에 연탄을 55장 담을 수 있는 수레에 담아 나르려면, 적어도 몇 번 날라야 할까요?

식　　　　　　　　　　　　　　　　답　　　　　번

5

어느 승강기는 최대 799 kg까지 탈 수 있습니다. 승강기에 무게가 40 kg인 상자를 싣는다면, 몇 개까지 실을 수 있을까요?

식　　　　　　　　　　　　　　　　답　　　　　개

6

관광객 295명이 보트를 타기 위해 기다리고 있습니다. 보트 한 척에 15명이 탈 수 있을 때, 관광객을 빠짐없이 모두 태우려면 보트는 적어도 몇 척이 필요할까요?

식　　　　　　　　　　　　　　　　답　　　　　척

지금까지 두 자리 수로 나누기에 대해 살펴보았습니다.
얼마나 제대로 이해했는지 확인해 봅시다.

1

빈칸에 알맞은 수를 쓰시오.

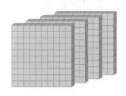 = ?

백 모형 4개   십 모형 ⬜ 개

2

42÷7과 몫이 같은 나눗셈식을 찾아 ○표 하시오.

| 420÷7 | 400÷70 | 420÷70 | 42÷70 |

3

260÷30에 대한 설명으로 옳은 것의 기호를 쓰시오.

㉠ 26÷3과 몫이 같다.
㉡ 몫이 두 자리 수이다.
㉢ 26÷3과 나머지가 같다.

4

관계있는 것끼리 선으로 이으시오.

963÷3 •   • 몫이 한 자리 수

604÷20 •   • 몫이 두 자리 수

712÷85 •   • 몫이 세 자리 수

▶ 정답 및 해설 41쪽

5

나눗셈의 몫과 나머지를 빈칸에 쓰시오.

$$851 \div 32 = \boxed{} \cdots \boxed{}$$

6

빈칸을 알맞게 채우시오.

```
           □ 3
    4 0 ) □ 3 □
          8 0
        1 □ □
        1 2 0
          1 2
```

7

나눗셈의 몫을 예상한 것이 맞는지 확인하고, 괄호 안에서 알맞은 말에 ◯표 하시오.

$$582 \div 73$$

몫 예상하기	몫 확인하기	몫 고치기
$70 \times 8 = 560$	$73)\overline{582}$ 에서 몫 8	몫을 1만큼 (줄여서 , 늘려서) 계산합니다.

8

딸기 603개를 수확하여 한 바구니에 25개씩 담으려고 합니다. 딸기 바구니는 몇 개가 되고, 남는 딸기는 몇 개인지 구하시오.

식 _____

답 딸기 바구니는 _____개가 되고, 남는 딸기는 _____개입니다.

1 $170 \div 30$을 $17 \div 3$으로 계산하는 방법을 설명하고, 몫과 나머지를 구하세요. (힌트: 101쪽)

....

....

....

2 50으로 나누면 몫이 두 자리 수가 되는 세 자리 수를 2개 쓰세요.
(힌트: 106~107쪽)

◆ ◆

$$5\,0\,\overline{)\square\square\square}$$

....

....

....

3 $395 \div 47$을 주어진 단계에 따라 계산해 보세요. (힌트: 130~131쪽)

① 몫 예상하기

② 몫 확인하기

$$47\,\overline{)3\,9\,5}$$

③ 몫 고쳐서 계산하기

$$47\,\overline{)3\,9\,5}$$

잠깐! 서술형으로 쓰기 어려워? 그럼 앞에서 배운 걸 떠올려 봐! 앞에서 찾아보고 적어도 좋아!

열두 띠 동물

12마리의 동물이 1년마다 차례로 돌아가면서 그 해의 띠로 결정돼.

내가 태어난 해의 동물이 무엇이었는지에 따라 내 띠가 결정되는 거야~

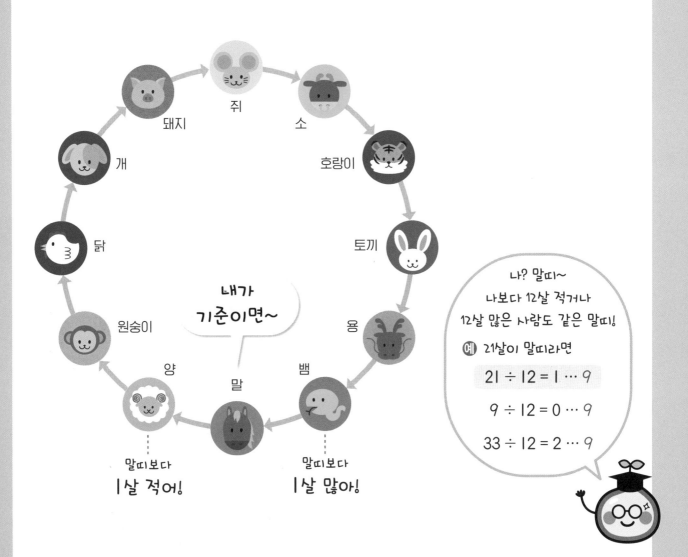

내가 기준이면~

돼지 / 쥐 / 소 / 호랑이 / 토끼 / 용 / 뱀 / 말 / 양 / 원숭이 / 닭 / 개

말띠보다 1살 적어!

말띠보다 1살 많아!

나? 말띠~

나보다 12살 적거나 12살 많은 사람도 같은 말띠!

예 21살이 말띠라면

$21 ÷ 12 = 1 \cdots 9$

$9 ÷ 12 = 0 \cdots 9$

$33 ÷ 12 = 2 \cdots 9$

즉, 나이를 12로 나누었을 때 나머지가 같으면, 모두 같은 띠야.

그래서 내 나이와 띠를 기준으로,

다른 사람의 나이만 알아도 그 사람의 띠를 알 수 있어.

우리 친구 주변에서 띠가 같은 사람을 찾아볼까?

1 67÷9를 세로셈으로 계산해 보세요.

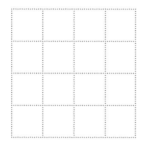

2 주어진 수 모형을 3곳으로 똑같이 나누면 한 곳에 놓는 수 모형은 몇이 되는지 빈칸을 알맞게 채우세요.

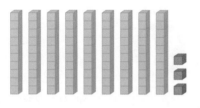

▶ 십 모형 [ ]개

일 모형 [ ]개

3 몫이 15인 나눗셈식을 모두 찾아 ◯표 하세요.

70÷5	60÷4
90÷6	50÷2

4 관계있는 것끼리 선으로 이으세요.

48÷6 •   • 350÷70

35÷7 •   • 540÷90

54÷9 •   • 480÷60

5 계산을 하고, 확인하는 식을 쓰세요.

7) 8 9

▶ 확인하는 식:

_____

_____

6 계산 결과를 비교하여 ○ 안에 >, =, <를 알맞게 쓰세요.

$$60 \div 3 \bigcirc 80 \div 4$$

7 나눗셈의 몫이 다른 하나를 찾아 기호를 쓰세요.

| ㉠ 636 ÷ 3 | ㉡ 424 ÷ 2 |
| ㉢ 848 ÷ 4 | ㉣ 969 ÷ 3 |

 _____

8 귤 365개를 4상자에 똑같이 나누어 담으려고 합니다. 한 상자에 몇 개씩 담을 수 있고, 남는 귤은 몇 개일까요?

▶ _____ 개,

남는 귤 _____ 개

9 계산해 보세요.

(1) 283 ÷ 6

(2)
$$5) \overline{5 \ 1 \ 4}$$

10 몫의 크기가 큰 순서대로 괄호 안에 1, 2, 3을 쓰세요.

94 ÷ 23 ( )

85 ÷ 17 ( )

77 ÷ 12 ( )

11 계산 결과가 틀린 사람의 이름을 쓰고, 바르게 계산해 보세요.

| 수연 | $76 \div 14 = 4 \cdots 20$ |
| 아인 | $69 \div 12 = 5 \cdots 9$ |

▶ 이름: _____

바르게 계산한 식:

_____

12 나눗셈의 몫과 나머지를 구하세요.

$$159 \div 24$$

▶ 몫: _____ 나머지: _____

13 빈칸을 알맞게 채우세요.

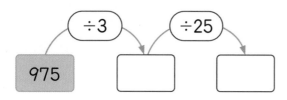

975 ÷3 → □ ÷25 → □

14 몫이 몇 자리 수인지 보고, ? 에 공통으로 들어갈 수 있는 수 카드를 찾아 ○표 하세요.

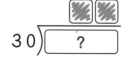

$40)\overline{}$ $30)\overline{}$

| 270 | 350 | 400 |

15 주어진 나눗셈식에 대한 설명으로 옳은 것은 몇 개인지 구하세요.

$$460 \div 50$$

㉠ $46 \div 5$와 몫이 같습니다.
㉡ $46 \div 5$와 나머지가 같습니다.
㉢ $460 \div 5$와 몫이 같습니다.
㉣ 나누어떨어지는 나눗셈입니다.

▶ _____ 개

16 가장 큰 수를 가장 작은 수로 나누었을 때, 몫과 나머지를 구하세요.

400	513	26	7

▶ 몫: _____ 나머지: _____

17 빈칸에 같은 숫자를 넣어, 몫이 두 자리 수이고 나누어떨어지는 나눗셈식을 만들려고 합니다. 빈칸에 들어갈 수 있는 숫자를 쓰세요.

$$6\square0 \div \square$$

▶ _____

18 하임이네 학교에 남학생은 149명이고, 여학생은 147명입니다. 전교생과 선생님 12명이 소풍을 가기 위해 45명씩 버스에 탑승할 때, 버스는 적어도 몇 대가 필요한지 식을 쓰고 답을 구하세요.

▶ 식: _____

_____

답: _____ 대

19 빈칸을 알맞게 채우세요.

```
          2 □
   24 ) 6 □ 3
        □ 8
        1 9 □
        1 □ 2
            □
```

20 설명하는 수를 구하세요.

- 60보다 크고 100보다 작은 수입니다.
- 14로 나누었을 때, 나누어떨어집니다.
- 9로 나누었을 때, 3이 남습니다.

▶ _____

교육 R&D에 앞서가는

키출판사

초등수학

2

나눗셈

△÷□=☆

개념이 먼저다

정답 및 해설

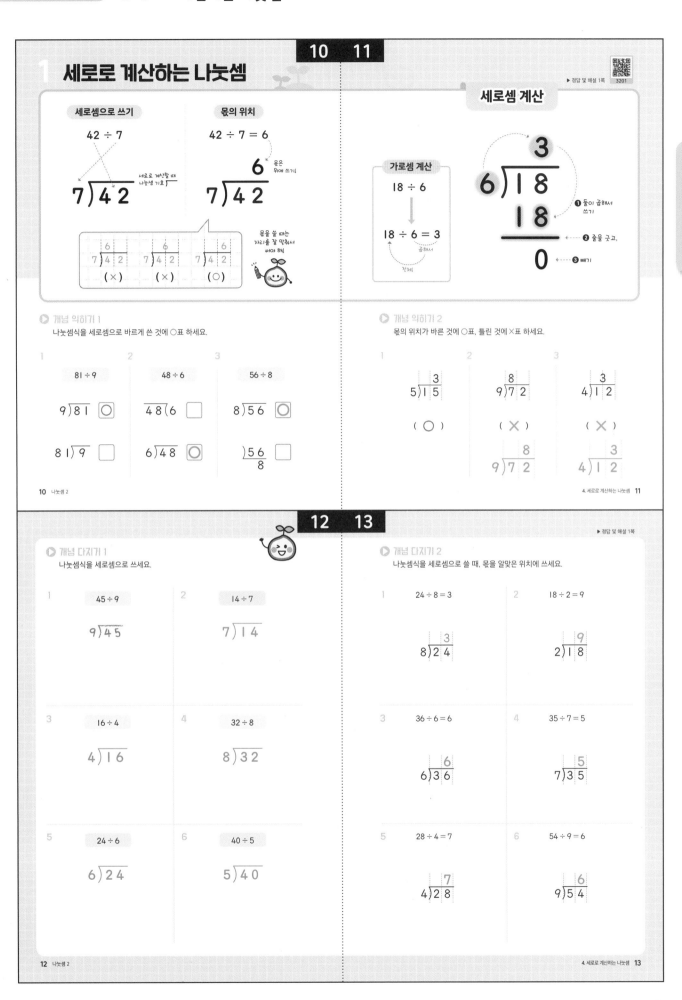

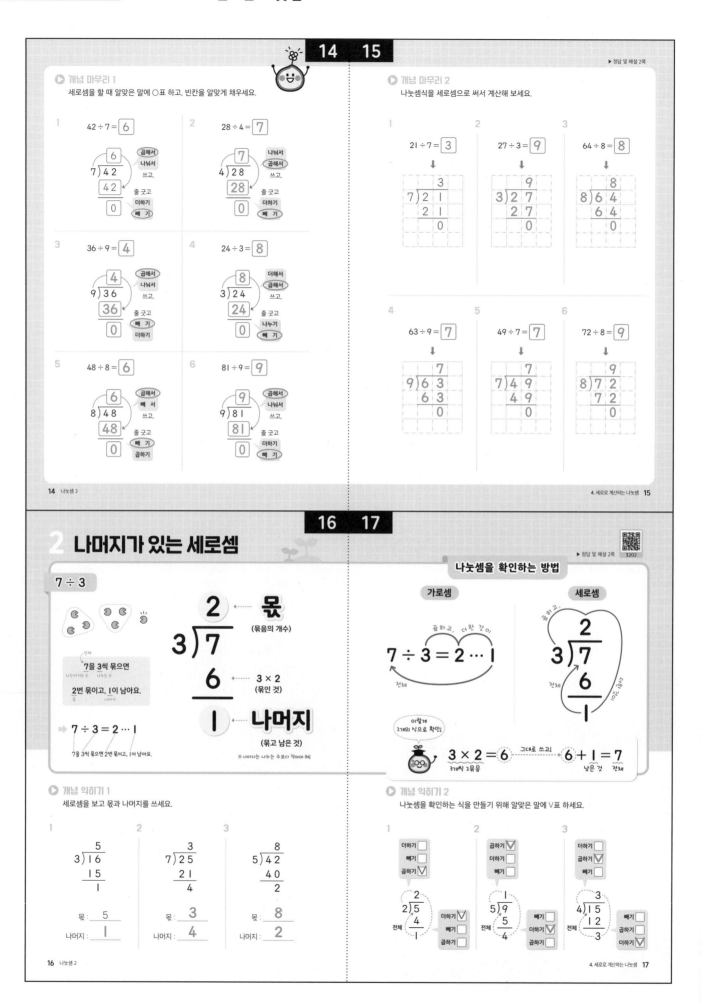

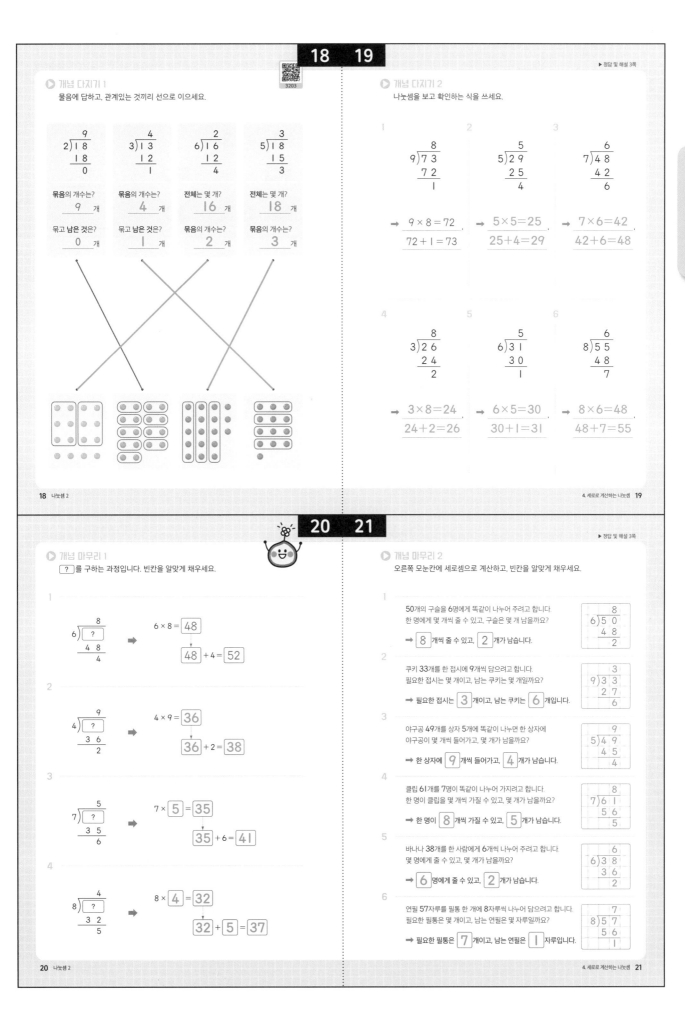

▶ 정답 및 해설 3쪽

개념 다지기 1
물음에 답하고, 관계있는 것끼리 선으로 이으세요.

```
    9              4              2              3
2)18           3)13           6)16           5)18
  18             12             12             15
   0              1              4              3
```

묶음의 개수는?　**묶음의 개수는?**　**전체는 몇 개?**　**전체는 몇 개?**
9 개　　　4 개　　　16 개　　　18 개

묶고 남은 것은?　**묶고 남은 것은?**　**묶음의 개수는?**　**묶음의 개수는?**
0 개　　　1 개　　　2 개　　　3 개

개념 다지기 2
나눗셈을 보고 확인하는 식을 쓰세요.

```
1              2              3
    8              5              6
9)73           5)29           7)48
  72             25             42
   1              4              6
```

→ $9 \times 8 = 72$,　→ $5 \times 5 = 25$,　→ $7 \times 6 = 42$,
$72 + 1 = 73$　　$25 + 4 = 29$　　$42 + 6 = 48$

```
4              5              6
    8              5              6
3)26           6)31           8)55
  24             30             48
   2              1              7
```

→ $3 \times 8 = 24$,　→ $6 \times 5 = 30$,　→ $8 \times 6 = 48$,
$24 + 2 = 26$　　$30 + 1 = 31$　　$48 + 7 = 55$

18 나눗셈 2　　　　4. 세로로 계산하는 나눗셈 **19**

▶ 정답 및 해설 3쪽

개념 마무리 1
?를 구하는 과정입니다. 빈칸을 알맞게 채우세요.

```
1
    8
6)?              →   6 × 8 = 48
  4 8
    4                48 + 4 = 52
```

```
2
    9
4)?              →   4 × 9 = 36
  3 6
    2                36 + 2 = 38
```

```
3
    5
7)?              →   7 × 5 = 35
  3 5
    6                35 + 6 = 41
```

```
4
    4
8)?              →   8 × 4 = 32
  3 2
    5                32 + 5 = 37
```

개념 마무리 2
오른쪽 모눈칸에 세로셈으로 계산하고, 빈칸을 알맞게 채우세요.

1
50개의 구슬을 6명에게 똑같이 나누어 주려고 합니다.
한 명에게 몇 개씩 줄 수 있고, 구슬은 몇 개 남을까요?
→ 8 개씩 줄 수 있고, 2 개가 남습니다.
```
    8
6)5 0
  4 8
    2
```

2
쿠키 33개를 한 접시에 9개씩 담으려고 합니다.
필요한 접시는 몇 개이고, 남는 쿠키는 몇 개일까요?
→ 필요한 접시는 3 개이고, 남는 쿠키는 6 개입니다.
```
    3
9)3 3
  2 7
    6
```

3
야구공 49개를 상자 5개에 똑같이 나누면 한 상자에
야구공이 몇 개 들어가고, 몇 개가 남을까요?
→ 한 상자에 9 개씩 들어가고, 4 개가 남습니다.
```
    9
5)4 9
  4 5
    4
```

4
클립 61개를 7명이 똑같이 나누어 가지려고 합니다.
한 명이 클립을 몇 개씩 가질 수 있고, 몇 개가 남을까요?
→ 한 명이 8 개씩 가질 수 있고, 5 개가 남습니다.
```
    8
7)6 1
  5 6
    5
```

5
바나나 38개를 한 사람에게 6개씩 나누어 주려고 합니다.
몇 명에게 줄 수 있고, 몇 개가 남을까요?
→ 6 명에게 줄 수 있고, 2 개가 남습니다.
```
    6
6)3 8
  3 6
    2
```

6
연필 57자루를 필통 한 개에 8자루씩 나누어 담으려고 합니다.
필요한 필통은 몇 개이고, 남는 연필은 몇 자루일까요?
→ 필요한 필통은 7 개이고, 남는 연필은 1 자루입니다.
```
    7
8)5 7
  5 6
    1
```

20 나눗셈 2　　　　4. 세로로 계산하는 나눗셈 **21**

정답 및 해설 **3**

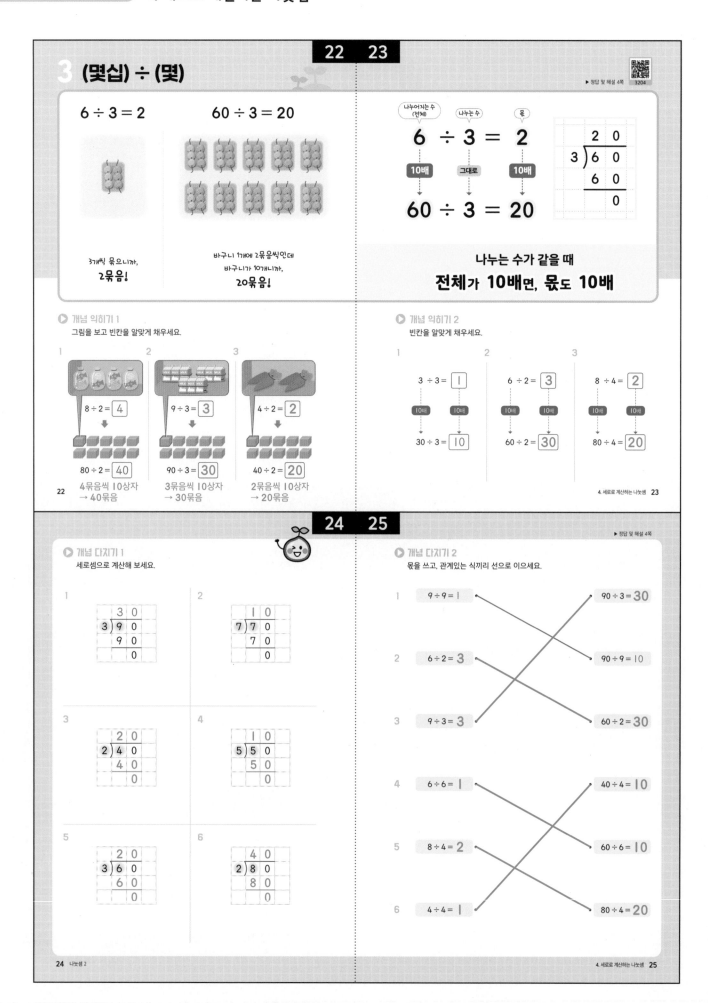

▶정답 및 해설 5쪽

개념 마무리 1
빈칸을 알맞게 채우세요.

1
$9 \div 3 = 3$
⬇
$90 \div 3 = 30$

2
$8 \div 2 = 4$
⬇
$80 \div 2 = 40$

3
$5 \div 5 = 1$
⬇
$50 \div 5 = 10$

4
$8 \div 4 = 2$
⬇
$80 \div 4 = 20$

5
$6 \div 2 = 3$
⬇
$60 \div 2 = 30$

6
$4 \div 2 = 2$
⬇
$40 \div 2 = 20$

개념 마무리 2
양동이의 물을 컵으로 가득 담아 퍼내려면 7번 퍼내야 합니다. 양동이보다 10배 많은 욕조의 물을 컵으로 똑같이 퍼내려면 몇 번 퍼내야 할까요?

70 번

양동이 ÷ 컵 = 7
10배   그대로   10배
욕조 ÷ 컵 = 70

＊ 그림에 색칠도 해 보세요.

26 나눗셈 2

4. 세로로 계산하는 나눗셈 27

4 나머지가 없는 (몇십몇) ÷ (몇)

▶정답 및 해설 5쪽
3205

$24 \div 2$

십을 먼저 나누고, 일 나누기

① 단계
십 모형 2개를
2곳으로 나눈 것

② 단계
일 모형 4개를
2곳으로 나눈 것

$$2 \overline{)24} \rightarrow 1\,2$$

계산 방법

개념 익히기 1
그림을 보고 나눗셈식을 완성해 보세요.

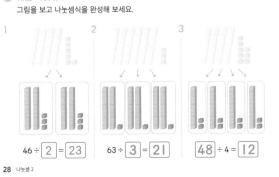

1 $46 \div 2 = 23$

2 $63 \div 3 = 21$

3 $48 \div 4 = 12$

개념 익히기 2
빈칸을 알맞게 채우세요.

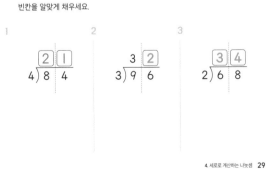

1
$$4 \overline{)8\,4} = 2\,1$$

2
$$3 \overline{)9\,6} = 3\,2$$

3
$$2 \overline{)6\,8} = 3\,4$$

28 나눗셈 2

4. 세로로 계산하는 나눗셈 29

30　31

▶ 정답 및 해설 6쪽

● 개념 다지기 1
빈칸을 알맞게 채우세요.

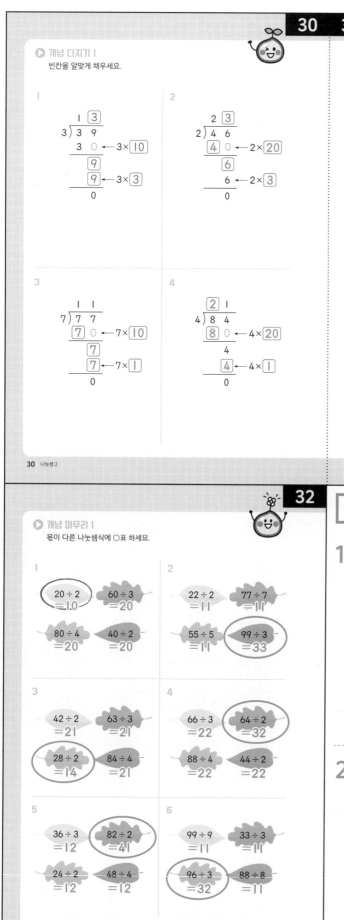

1
　　1 [3]
3)3 9
　　3 ○ ← 3×[10]
　　[9]
　　[9] ← 3×[3]
　　0

2
　　2 [3]
2)4 6
　　[4] ○ ← 2×[20]
　　[6]
　　6 ← 2×[3]
　　0

3
　　1 1
7)7 7
　　[7] ○ ← 7×[10]
　　[7]
　　[7] ← 7×[1]
　　0

4
　　[2] 1
4)8 4
　　[8] ○ ← 4×[20]
　　4
　　[4] ← 4×[1]
　　0

● 개념 다지기 2
계산해 보세요.

1
　　1 3
2)2 6
　　2
　　6
　　6
　　0

2
　　2 3
3)6 9
　　6
　　9
　　9
　　0

3
　　1 2
4)4 8
　　4
　　8
　　8
　　0

4
　　3 2
2)6 4
　　6
　　4
　　4
　　0

5
　　1 2
3)3 6
　　3
　　6
　　6
　　0

6
　　4 4
2)8 8
　　8
　　8
　　8
　　0

30　나눗셈 2　　　　4. 세로로 계산하는 나눗셈 31

32

● 개념 마무리 1
몫이 다른 나눗셈식에 ○표 하세요.

1
(20÷2 =1.0)　　60÷3 =20
80÷4 =20　　40÷2 =20

2
22÷2 =11　　77÷7 =11
55÷5 =11　　(99÷3 =33)

3
42÷2 =21　　63÷3 =21
(28÷2 =14)　　84÷4 =21

4
66÷3 =22　　(64÷2 =32)
88÷4 =22　　44÷2 =22

5
36÷3 =12　　(82÷2 =41)
24÷2 =12　　48÷4 =12

6
99÷9 =11　　33÷3 =11
(96÷3 =32)　　88÷8 =11

32　나눗셈 2

32쪽

1
　　1 0
2)2 0
　　2 0
　　0

　　2 0
3)6 0
　　6 0
　　0

　　2 0
4)8 0
　　8 0
　　0

　　2 0
2)4 0
　　4 0
　　0

2
　　1 1
2)2 2
　　2
　　2
　　2
　　0

　　1 1
7)7 7
　　7
　　7
　　7
　　0

　　1 1
5)5 5
　　5
　　5
　　5
　　0

　　3 3
3)9 9
　　9
　　9
　　9
　　0

3

```
    2 1        2 1
2 ) 4 2    3 ) 6 3
    4            6
    ─            ─
    2            3
    2            3
    ─            ─
    0            0

    1 4        2 1
2 ) 2 8    4 ) 8 4
    2            8
    ─            ─
    8            4
    8            4
    ─            ─
    0            0
```

4

```
    2 2        3 2
3 ) 6 6    2 ) 6 4
    6            6
    ─            ─
    6            4
    6            4
    ─            ─
    0            0

    2 2        2 2
4 ) 8 8    2 ) 4 4
    8            4
    ─            ─
    8            4
    8            4
    ─            ─
    0            0
```

5

```
    1 2        4 1
3 ) 3 6    2 ) 8 2
    3            8
    ─            ─
    6            2
    6            2
    ─            ─
    0            0

    1 2        1 2
2 ) 2 4    4 ) 4 8
    2            4
    ─            ─
    4            8
    4            8
    ─            ─
    0            0
```

6

```
    1 1        1 1
9 ) 9 9    3 ) 3 3
    9            3
    ─            ─
    9            3
    9            3
    ─            ─
    0            0

    3 2        1 1
3 ) 9 6    8 ) 8 8
    9            8
    ─            ─
    6            8
    6            8
    ─            ─
    0            0
```

33

▶ 정답 및 해설

▶ 개념 마무리 2

물음에 답하세요.

1
사탕 48개를 한 사람에게 4개씩 나누어 주려고 합니다. 사탕을 몇 명에게 나누어 줄 수 있을까요?

식 48÷4=12   답 12 명

2
풍선 69개를 3모둠에게 똑같이 나누어 주려고 합니다. 한 모둠에 풍선을 몇 개씩 나누어 주면 될까요?

식 69÷3=23   답 23 개

3
귤 77개를 한 봉지에 7개씩 담으면 몇 봉지가 될까요?

식 77÷7=11   답 11 봉지

4
색종이 26장을 2명에게 똑같이 나누어 주려고 합니다. 한 사람에게 색종이를 몇 장씩 주면 될까요?

식 26÷2=13   답 13 장

5
식빵 36장을 한 접시에 3장씩 담으려고 합니다. 필요한 접시는 몇 개일까요?

식 36÷3=12   답 12 개

6
남학생 37명과 여학생 47명이 있습니다. 전체 학생을 한 줄에 4명씩 세우면 모두 몇 줄이 될까요?

식 37+47=84, 84÷4=21   답 21 줄

4. 세로로 계산하는 나눗셈 **33**

1

```
    1 2
4 ) 4 8
    4
    ─
    8
    8
    ─
    0
```

2

```
    2 3
3 ) 6 9
    6
    ─
    9
    9
    ─
    0
```

3

```
    1 1
7 ) 7 7
    7
    ─
    7
    7
    ─
    0
```

4

```
    1 3
2 ) 2 6
    2
    ─
    6
    6
    ─
    0
```

5

```
    1 2
3 ) 3 6
    3
    ─
    6
    6
    ─
    0
```

6

```
    3 7
  + 4 7
  ─────
    8 4
```

학생은 모두 84명
↓

```
    2 1
4 ) 8 4
    8
    ─
    4
    4
    ─
    0
```

5 내림이 있는 (몇십) ÷ (몇)

▶ 정답 및 해설 8쪽

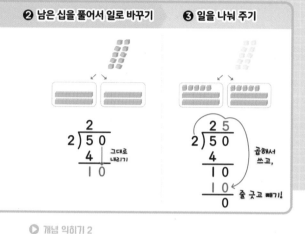

① 십을 최대한 나눠 주고,

② 남은 십을 풀어서 일로 바꾸기

③ 일을 나눠 주기

▷ 개념 익히기 1

십 모형을 일 모형으로 풀지 않고, 똑같이 나눌 수 있는 만큼 그리세요.

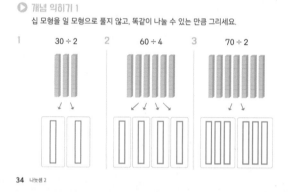

1 30 ÷ 2　　2 60 ÷ 4　　3 70 ÷ 2

▷ 개념 익히기 2

최대한 나누고 남은 십 모형을 일 모형으로 바꾸어, 똑같이 나누어 그리세요.

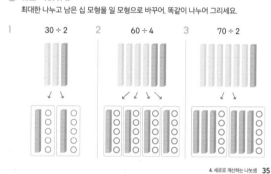

1 30 ÷ 2　　2 60 ÷ 4　　3 70 ÷ 2

▶ 정답 및 해설 8쪽

▷ 개념 다지기 1

빈칸을 알맞게 채우세요.

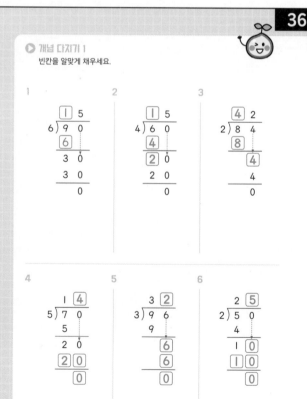

▷ 개념 다지기 2

계산해 보세요.

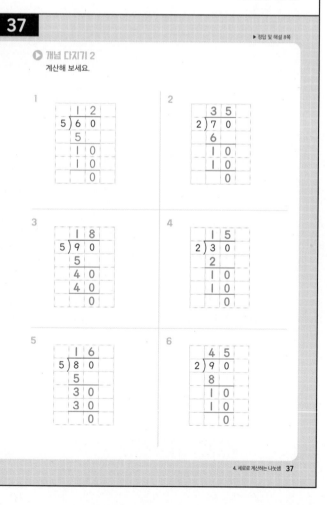

▶ 정답 및 해설 9쪽

3207

개념 마무리 1

몫의 크기를 비교하여 ○안에 >, =, <를 알맞게 쓰세요.

1

$$60 \div 6 \;<\; 30 \div 2$$
$$=10 \qquad =15$$

$$\begin{array}{r} 1\,0 \\ 6\,\overline{)\,6\,0} \\ 6\,0 \\ \hline 0 \end{array}$$

$$\begin{array}{r} 1\,5 \\ 2\,\overline{)\,3\,0} \\ 2 \\ \hline 1\,0 \\ 1\,0 \\ \hline 0 \end{array}$$

2

$$50 \div 2 \;>\; 80 \div 5$$

$$\begin{array}{r} 2\,5 \\ 2\,\overline{)\,5\,0} \\ 4 \\ \hline 1\,0 \\ 1\,0 \\ \hline 0 \end{array}$$

$$\begin{array}{r} 1\,6 \\ 5\,\overline{)\,8\,0} \\ 5 \\ \hline 3\,0 \\ 3\,0 \\ \hline 0 \end{array}$$

3

$$70 \div 5 \;>\; 30 \div 3$$

$$\begin{array}{r} 1\,4 \\ 5\,\overline{)\,7\,0} \\ 5 \\ \hline 2\,0 \\ 2\,0 \\ \hline 0 \end{array}$$

$$\begin{array}{r} 1\,0 \\ 3\,\overline{)\,3\,0} \\ 3\,0 \\ \hline 0 \end{array}$$

4

$$60 \div 4 \;<\; 40 \div 2$$

$$\begin{array}{r} 1\,5 \\ 4\,\overline{)\,6\,0} \\ 4 \\ \hline 2\,0 \\ 2\,0 \\ \hline 0 \end{array}$$

$$\begin{array}{r} 2\,0 \\ 2\,\overline{)\,4\,0} \\ 4\,0 \\ \hline 0 \end{array}$$

5

$$60 \div 5 \;<\; 90 \div 6$$

$$\begin{array}{r} 1\,2 \\ 5\,\overline{)\,6\,0} \\ 5 \\ \hline 1\,0 \\ 1\,0 \\ \hline 0 \end{array}$$

$$\begin{array}{r} 1\,5 \\ 6\,\overline{)\,9\,0} \\ 6 \\ \hline 3\,0 \\ 3\,0 \\ \hline 0 \end{array}$$

6

$$\begin{array}{r} 4\,0 \\ 2\,\overline{)\,8\,0} \\ 8\,0 \\ \hline 0 \end{array}$$

$$80 \div 2 \;>\; 90 \div 5$$

$$\begin{array}{r} 1\,8 \\ 5\,\overline{)\,9\,0} \\ 5 \\ \hline 4\,0 \\ 4\,0 \\ \hline 0 \end{array}$$

38　나눗셈 2

개념 마무리 2

물음에 답하세요.

1

복숭아 70개를 상자 2개에 똑같이 나누어 담으려고 합니다. 복숭아는 한 상자에 몇 개씩 들어갈까요?

식 $70 \div 2 = 35$ 　답 35 개

2

마스크 90개를 한 사람에게 5개씩 나누어 주려고 합니다. 마스크를 몇 명에게 나누어 줄 수 있을까요?

식 $90 \div 5 = 18$ 　답 18 명

3

책 80권을 책꽂이 5칸에 똑같이 나누어 꽂으려고 합니다. 한 칸에 책을 몇 권씩 꽂으면 될까요?

식 $80 \div 5 = 16$ 　답 16 권

4

빨간 블록 36개, 파란 블록 24개를 4모둠에게 색깔 구분 없이 똑같이 나누어 주려고 합니다. 한 모둠에게 주는 블록은 몇 개일까요?

식 $36 + 24 = 60, \; 60 \div 4 = 15$ 　답 15 개

5

고기만두 40개와 김치만두 50개가 있습니다. 만두 전체를 한 접시에 6개씩 담는다면 접시는 몇 개가 필요할까요?

식 $40 + 50 = 90, \; 90 \div 6 = 15$ 　답 15 개

6

연필이 한 묶음에 10자루씩 6묶음 있습니다. 한 사람에게 연필을 5자루씩 나누어 준다면 몇 명에게 나누어 줄 수 있을까요?

식 $10 \times 6 = 60, \; 60 \div 5 = 12$ 　답 12 명

4. 세로로 계산하는 나눗셈　39

39쪽

1

$$\begin{array}{r} 3\,5 \\ 2\,\overline{)\,7\,0} \\ 6 \\ \hline 1\,0 \\ 1\,0 \\ \hline 0 \end{array}$$

2

$$\begin{array}{r} 1\,8 \\ 5\,\overline{)\,9\,0} \\ 5 \\ \hline 4\,0 \\ 4\,0 \\ \hline 0 \end{array}$$

3

$$\begin{array}{r} 1\,6 \\ 5\,\overline{)\,8\,0} \\ 5 \\ \hline 3\,0 \\ 3\,0 \\ \hline 0 \end{array}$$

4

$$\begin{array}{r} 3\,6 \\ +\,2\,4 \\ \hline 6\,0 \end{array}$$

블록은 모두 60개
↓

$$\begin{array}{r} 1\,5 \\ 4\,\overline{)\,6\,0} \\ 4 \\ \hline 2\,0 \\ 2\,0 \\ \hline 0 \end{array}$$

5

$$\begin{array}{r} 4\,0 \\ +\,5\,0 \\ \hline 9\,0 \end{array}$$

만두는 모두 90개
↓

$$\begin{array}{r} 1\,5 \\ 6\,\overline{)\,9\,0} \\ 6 \\ \hline 3\,0 \\ 3\,0 \\ \hline 0 \end{array}$$

6

$$\begin{array}{r} 1\,0 \\ \times\;\;6 \\ \hline 6\,0 \end{array}$$

연필은 모두 60자루
↓

$$\begin{array}{r} 1\,2 \\ 5\,\overline{)\,6\,0} \\ 5 \\ \hline 1\,0 \\ 1\,0 \\ \hline 0 \end{array}$$

정답 및 해설

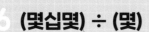

6 (몇십몇) ÷ (몇)

40   41

▶ 정답 및 해설 10쪽

$72 \div 5$

십을 먼저 나누고,   **남은 십을 일과 함께**   **또 나누기!**

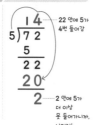

- 7 안에 5가 1번 들어감
- 2 안에 5가 더 이상 못 들어가니까,
- 그대로 내려서 22로
- 22 안에 5가 4번 들어감
- 2 안에 5가 더 이상 못 들어가니까, 나머지

➡ $72 \div 5 = 14 \cdots 2$

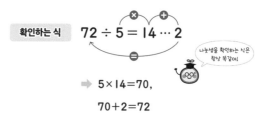

나머지의 조건 $72 \div 5 = 14 \cdots 2$

$5 > 2$

나머지는 나누는 수보다 항상 작지!

확인하는 식 $72 \div 5 = 14 \cdots 2$

나눗셈을 확인하는 식은 항상 똑같아!

➡ $5 \times 14 = 70$,

$70 + 2 = 72$

개념 익히기 1

빈칸을 알맞게 채우세요.

1

```
      ⒖5
  3 ) 4 6
      3
      1 6
    ⒖5
      ⒈
```

2

```
      ⒈4
  4 ) 5 9
      4
      1 9
    ⒖6
      ⒊
```

3

```
      ⒈7
  5 ) 8 7
      5
      3 7
    ⒊5
      ⒉
```

개념 익히기 2

나눗셈식을 보고, 확인하는 식을 쓰세요.

1

$46 \div 3 = 15 \cdots 1$ ➡ 확인하는 식 : $3 \times 15 = 45, 45 + 1 = 46$

2

$59 \div 4 = 14 \cdots 3$ ➡ 확인하는 식 : $4 \times 14 = 56, 56 + 3 = 59$

3

$87 \div 5 = 17 \cdots 2$ ➡ 확인하는 식 : $5 \times 17 = 85, 85 + 2 = 87$

---

42   43

▶ 정답 및 해설 10쪽

개념 다지기 1

계산을 하고, 몫과 나머지를 각각 쓰세요.

1

```
      1 3
  6 ) 7 9
      6
      1 9
      1 8
      1
```
몫 : 13
나머지 : 1

2

```
      2 7
  3 ) 8 1
      6
      2 1
      2 1
      0
```
몫 : 27
나머지 : 0

3

```
      2 1
  4 ) 8 7
      8
      7
      4
      3
```
몫 : 21
나머지 : 3

4

```
      1 6
  5 ) 8 4
      5
      3 4
      3 0
      4
```
몫 : 16
나머지 : 4

5

```
      1 1
  8 ) 9 2
      8
      1 2
      8
      4
```
몫 : 11
나머지 : 4

6

```
      3 1
  2 ) 6 3
      6
      3
      2
      1
```
몫 : 31
나머지 : 1

개념 다지기 2

계산해 보세요.

1

$90 \div 4 = 22 \cdots 2$

```
      2 2
  4 ) 9 0
      8
      1 0
      8
      2
```

2

$45 \div 2 = 22 \cdots 1$

```
      2 2
  2 ) 4 5
      4
      5
      4
      1
```

3

$75 \div 3 = 25$

```
      2 5
  3 ) 7 5
      6
      1 5
      1 5
      0
```

4

$67 \div 5 = 13 \cdots 2$

```
      1 3
  5 ) 6 7
      5
      1 7
      1 5
      2
```

5

$94 \div 7 = 13 \cdots 3$

```
      1 3
  7 ) 9 4
      7
      2 4
      2 1
      3
```

6

$85 \div 6 = 14 \cdots 1$

```
      1 4
  6 ) 8 5
      6
      2 5
      2 4
      1
```

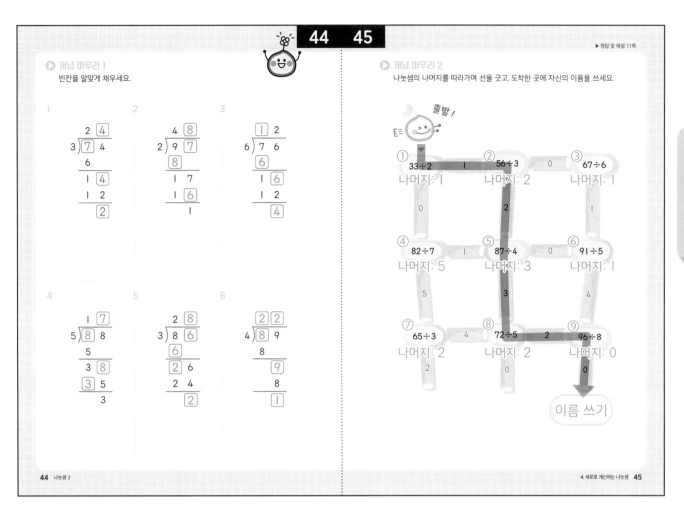

개념 마무리 1

빈칸을 알맞게 채우세요.

1

```
      2 4
  3 ) 7 4
      6
    1 4
    1 2
      2
```

2

```
      4 8
  2 ) 9 7
      8
    1 7
    1 6
      1
```

3

```
      1 2
  6 ) 7 6
      6
    1 6
    1 2
      4
```

4

```
      1 7
  5 ) 8 8
      5
    3 8
    3 5
      3
```

5

```
      2 8
  3 ) 8 6
      6
    2 6
    2 4
      2
```

6

```
      2 2
  4 ) 8 9
      8
      9
      8
      1
```

개념 마무리 2

나눗셈의 나머지를 따라가며 선을 긋고, 도착한 곳에 자신의 이름을 쓰세요.

출발!

① 33÷2 나머지: 1 — ② 56÷3 나머지: 2 — ③ 67÷6 나머지: 1

④ 82÷7 나머지: 5 — ⑤ 87÷4 나머지: 3 — ⑥ 91÷5 나머지: 1

⑦ 65÷3 나머지: 2 — ⑧ 72÷5 나머지: 2 — ⑨ 96÷8 나머지: 0

이름 쓰기

45쪽

①
```
      1 6
  2 ) 3 3
      2
    1 3
    1 2
      1
```

②
```
      1 8
  3 ) 5 6
      3
    2 6
    2 4
      2
```

③
```
      1 1
  6 ) 6 7
      6
      7
      6
      1
```

④
```
      1 1
  7 ) 8 2
      7
    1 2
      7
      5
```

⑤
```
      2 1
  4 ) 8 7
      8
      7
      4
      3
```

⑥
```
      1 8
  5 ) 9 1
      5
    4 1
    4 0
      1
```

⑦
```
      2 1
  3 ) 6 5
      6
      5
      3
      2
```

⑧
```
      1 4
  5 ) 7 2
      5
    2 2
    2 0
      2
```

⑨
```
      1 2
  8 ) 9 6
      8
    1 6
    1 6
      0
```

개념 마무리 2

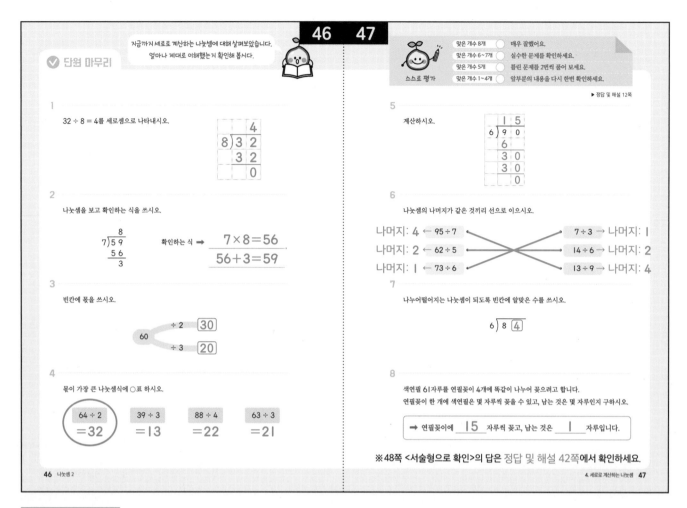

※48쪽 <서술형으로 확인>의 답은 정답 및 해설 42쪽에서 확인하세요.

46~47쪽

3

$$2\overline{)60} \quad \begin{array}{r} 30 \\ 60 \\ \hline 0 \end{array}$$

$$3\overline{)60} \quad \begin{array}{r} 20 \\ 60 \\ \hline 0 \end{array}$$

4

$$2\overline{)64} \quad \begin{array}{r} 32 \\ 6 \\ \hline 4 \\ 4 \\ \hline 0 \end{array}$$

$$3\overline{)39} \quad \begin{array}{r} 13 \\ 3 \\ \hline 9 \\ 9 \\ \hline 0 \end{array}$$

$$4\overline{)88} \quad \begin{array}{r} 22 \\ 8 \\ \hline 8 \\ 8 \\ \hline 0 \end{array}$$

$$3\overline{)63} \quad \begin{array}{r} 21 \\ 6 \\ \hline 3 \\ 3 \\ \hline 0 \end{array}$$

6

$$7\overline{)95} \quad \begin{array}{r} 13 \\ 7 \\ \hline 25 \\ 21 \\ \hline 4 \end{array}$$

$$5\overline{)62} \quad \begin{array}{r} 12 \\ 5 \\ \hline 12 \\ 10 \\ \hline 2 \end{array}$$

$$6\overline{)73} \quad \begin{array}{r} 12 \\ 6 \\ \hline 13 \\ 12 \\ \hline 1 \end{array}$$

$$3\overline{)7} \quad \begin{array}{r} 2 \\ 6 \\ \hline 1 \end{array}$$

$$6\overline{)14} \quad \begin{array}{r} 2 \\ 12 \\ \hline 2 \end{array}$$

$$9\overline{)13} \quad \begin{array}{r} 1 \\ 9 \\ \hline 4 \end{array}$$

7 8□÷6이 나누어떨어지려면

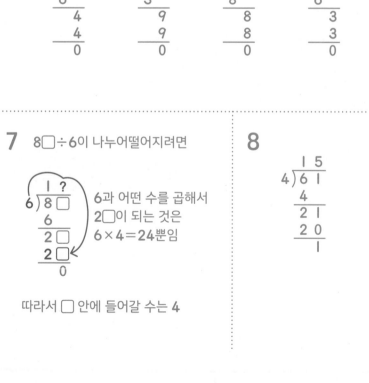

6과 어떤 수를 곱해서
2□이 되는 것은
6×4=24뿐임

따라서 □ 안에 들어갈 수는 4

8

$$4\overline{)61} \quad \begin{array}{r} 15 \\ 4 \\ \hline 21 \\ 20 \\ \hline 1 \end{array}$$

1 백의 자리부터 나누기

▶ 정답 및 해설 13쪽 3209

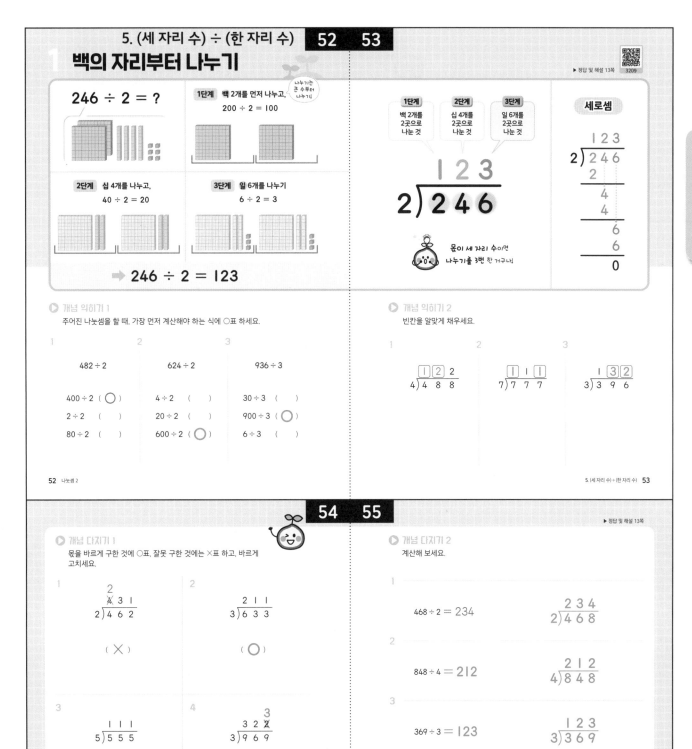

▶ 정답 및 해설 13쪽

정답 및 해설 **13**

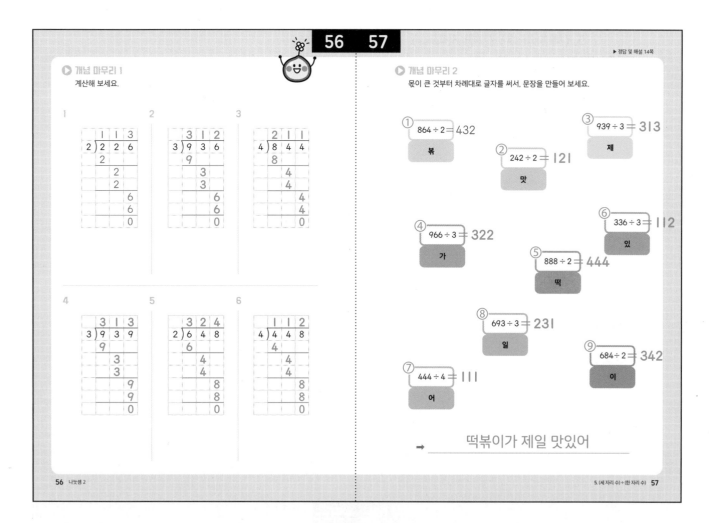

▶ 정답 및 해설 14쪽

57쪽

①
```
    4 3 2
2 ) 8 6 4
    8
    6
    6
      4
      4
      0
```

②
```
    1 2 1
2 ) 2 4 2
    2
    4
    4
      2
      2
      0
```

③
```
    3 1 3
3 ) 9 3 9
    9
    3
    3
      9
      9
      0
```

④
```
    3 2 2
3 ) 9 6 6
    9
    6
    6
      6
      6
      0
```

⑤
```
    4 4 4
2 ) 8 8 8
    8
    8
    8
      8
      8
      0
```

⑥
```
    1 1 2
3 ) 3 3 6
    3
    3
    3
      6
      6
      0
```

⑦
```
    1 1 1
4 ) 4 4 4
    4
    4
    4
      4
      4
      0
```

⑧
```
    2 3 1
3 ) 6 9 3
    6
    9
    9
      3
      3
      0
```

⑨
```
    3 4 2
2 ) 6 8 4
    6
    8
    8
      4
      4
      0
```

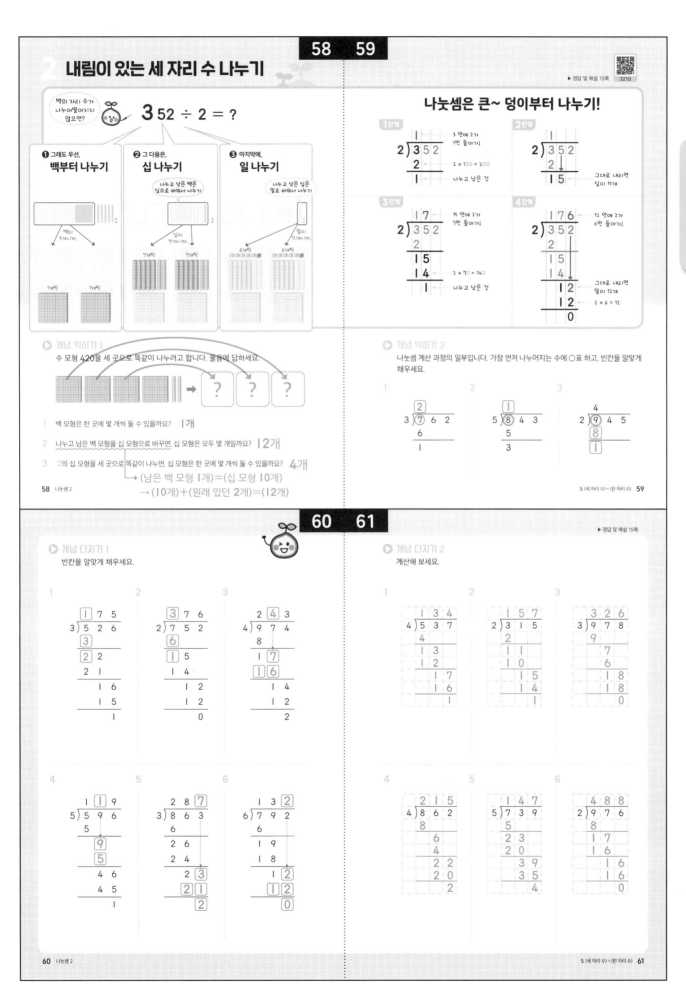

2 내림이 있는 세 자리 수 나누기

▶ 정답 및 해설 15쪽

백의 자리 수가
나누어떨어지지
않으면?

3 52 ÷ 2 = ?

❶ 그래도 우선,
백부터 나누기

❷ 그 다음은,
십 나누기

나누고 남은 백은
십으로 바꿔서 나누기

❸ 마지막에,
일 나누기

나누고 남은 십은
일로 바꿔서 나누기

백이
3개니까,

십이
15개니까,

7개씩　7개씩

일이
12개,

6개씩　6개씩

1개씩　1개씩

개념 익히기 1

수 모형 420을 세 곳으로 똑같이 나누려고 합니다. 물음에 답하세요.

1 백 모형은 한 곳에 몇 개씩 둘 수 있을까요?　1개

2 나누고 남은 백 모형을 십 모형으로 바꾸면, 십 모형은 모두 몇 개일까요?　12개

3 2의 십 모형을 세 곳으로 똑같이 나누면, 십 모형은 한 곳에 몇 개씩 둘 수 있을까요?　4개
　→ (남은 백 모형 1개)=(십 모형 10개)
　→ (10개)+(원래 있던 2개)=(12개)

58　나눗셈 2

나눗셈은 큰~ 덩이부터 나누기!

1단계
```
    1
2)352
  2
  1
```
3 안에 2가
1번 들어가

2 × 100 = 200

나누고 남은 것

2단계
```
    1
2)352
  2↓
  15
```
그대로 내리면
십이 15개

3단계
```
    17
2)352
  2
  15
  14
   1
```
15 안에 2가
7번 들어가

2 × 70 = 140

나누고 남은 것

4단계
```
    176
2)352
  2
  15
  14
   12
   12
    0
```
12 안에 2가
6번 들어가

그대로 내리면
일이 12개

2 × 6 = 12

개념 익히기 2

나눗셈 계산 과정의 일부입니다. 가장 먼저 나누어지는 수에 ○표 하고, 빈칸을 알맞게 채우세요.

1
```
   2
3)7 6 2
  6
  1
```

2
```
   1
5)8 4 3
  5
  3
```

3
```
    4
2)9 4 5
   8
   1
```

5. (세 자리 수)÷(한 자리 수)　59

▶ 정답 및 해설 15쪽

개념 다지기 1
빈칸을 알맞게 채우세요.

1
```
   175
3)526
  3
  22
  21
   16
   15
    1
```

2
```
   376
2)752
  6
  15
  14
   12
   12
    0
```

3
```
   243
4)974
  8
  17
  16
   14
   12
    2
```

4
```
   119
5)596
  5
  9
  5
  46
  45
   1
```

5
```
   287
3)863
  6
  26
  24
   23
   21
    2
```

6
```
   132
6)792
  6
  19
  18
   12
   12
    0
```

60　나눗셈 2

개념 다지기 2
계산해 보세요.

1
```
   134
4)537
  4
  13
  12
   17
   16
    1
```

2
```
   157
2)315
  2
  11
  10
   15
   14
    1
```

3
```
   326
3)978
  9
  7
  6
  18
  18
   0
```

4
```
   215
4)862
  8
  6
  4
  22
  20
   2
```

5
```
   147
5)739
  5
  23
  20
   39
   35
    4
```

6
```
   488
2)976
  8
  17
  16
   16
   16
    0
```

5. (세 자리 수)÷(한 자리 수)　61

정답 및 해설　**15**

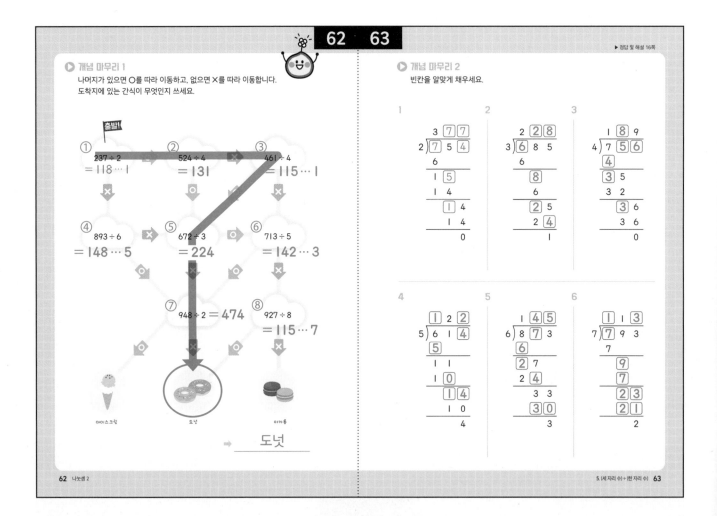

▶ 정답 및 해설 16쪽

62쪽

①
```
    1 1 8
  2)2 3 7
    2
    ─────
      3
      2
    ─────
      1 7
      1 6
    ─────
        1
```

②
```
    1 3 1
  4)5 2 4
    4
    ─────
    1 2
    1 2
    ─────
        4
        4
    ─────
        0
```

③
```
    1 1 5
  4)4 6 1
    4
    ─────
      6
      4
    ─────
      2 1
      2 0
    ─────
        1
```

④
```
    1 4 8
  6)8 9 3
    6
    ─────
    2 9
    2 4
    ─────
      5 3
      4 8
    ─────
        5
```

⑤
```
    2 2 4
  3)6 7 2
    6
    ─────
      7
      6
    ─────
      1 2
      1 2
    ─────
        0
```

⑥
```
    1 4 2
  5)7 1 3
    5
    ─────
    2 1
    2 0
    ─────
      1 3
      1 0
    ─────
        3
```

⑦
```
    4 7 4
  2)9 4 8
    8
    ─────
    1 4
    1 4
    ─────
        8
        8
    ─────
        0
```

⑧
```
    1 1 5
  8)9 2 7
    8
    ─────
    1 2
      8
    ─────
      4 7
      4 0
    ─────
        7
```

3 몫에 0이 있는 나눗셈

▶ 정답 및 해설 17쪽

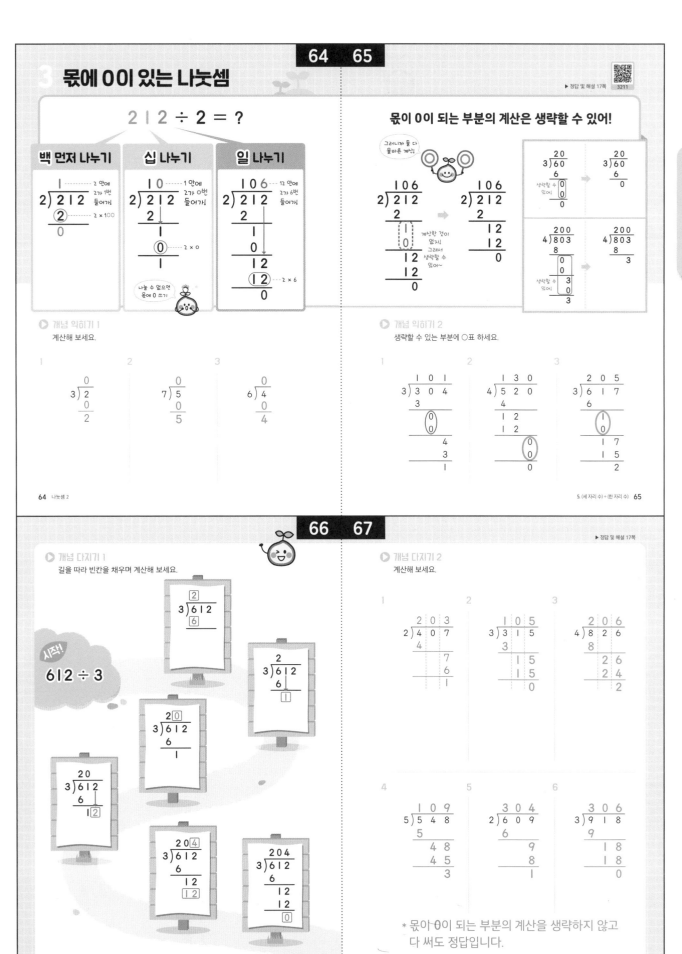

$2\,1\,2 \div 2 = ?$

백 먼저 나누기 | **십 나누기** | **일 나누기**

몫이 0이 되는 부분의 계산은 생략할 수 있어!

▶ 개념 익히기 1
계산해 보세요.

▶ 개념 익히기 2
생략할 수 있는 부분에 ○표 하세요.

64 나눗셈 2

5. (세 자리 수)÷(한 자리 수) 65

▶ 정답 및 해설 17쪽

▶ 개념 다지기 1
길을 따라 빈칸을 채우며 계산해 보세요.

시작!
$612 \div 3$

▶ 개념 다지기 2
계산해 보세요.

*몫이 0이 되는 부분의 계산을 생략하지 않고 다 써도 정답입니다.

66 나눗셈 2

5. (세 자리 수)÷(한 자리 수) 67

정답 및 해설 **17**

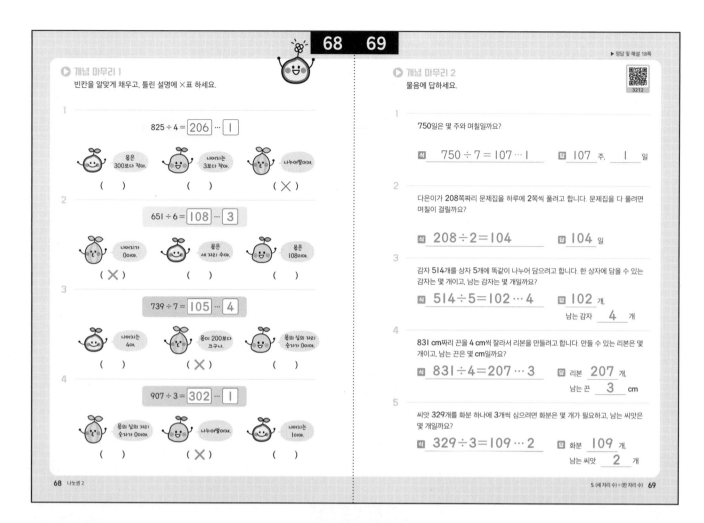

68쪽

1
```
    2 0 6
4 ) 8 2 5
    8
    2 5
    2 4
        1
```

2
```
    1 0 8
6 ) 6 5 1
    6
    5 1
    4 8
        3
```

3
```
    1 0 5
7 ) 7 3 9
    7
    3 9
    3 5
        4
```

4
```
    3 0 2
3 ) 9 0 7
    9
        7
        6
        1
```

69쪽

1
```
    1 0 7
7 ) 7 5 0
    7
    5 0
    4 9
        1
```

2
```
    1 0 4
2 ) 2 0 8
    2
        8
        8
        0
```

3
```
    1 0 2
5 ) 5 1 4
    5
    1 4
    1 0
        4
```

4
```
    2 0 7
4 ) 8 3 1
    8
    3 1
    2 8
        3
```

5
```
    1 0 9
3 ) 3 2 9
    3
    2 9
    2 7
        2
```

4 몫이 두 자리 수인 나눗셈

▶ 정답 및 해설 19쪽

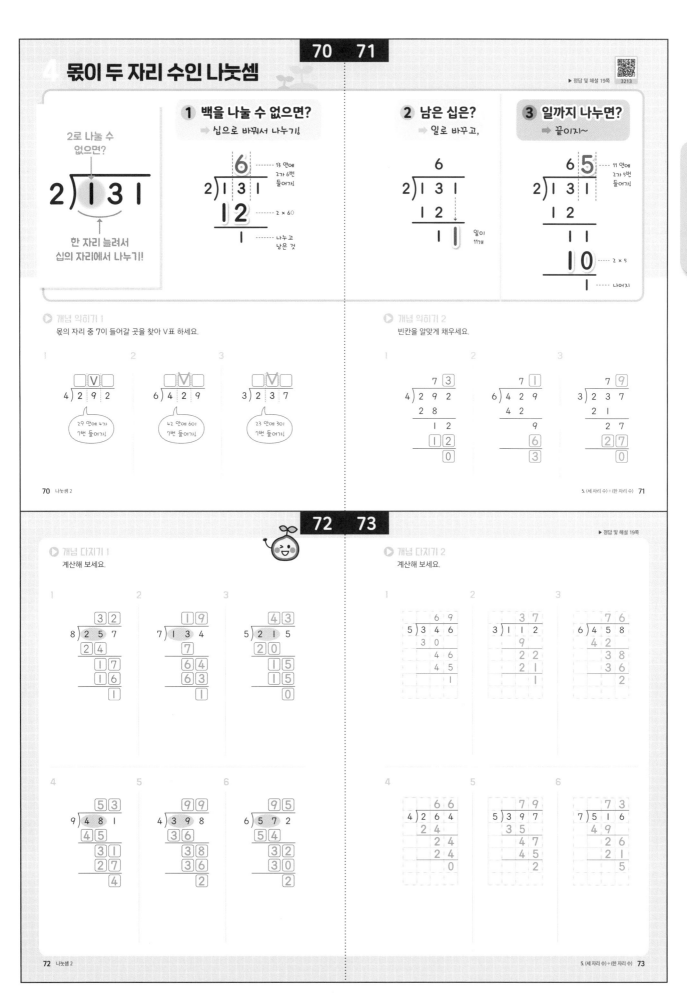

1 백을 나눌 수 없으면?
➡ 십으로 바꿔서 나누기

2 남은 십은?
➡ 일로 바꾸고,

3 일까지 나누면?
➡ 끝이지~

개념 익히기 1
몫의 자리 중 7이 들어갈 곳을 찾아 V표 하세요.

개념 익히기 2
빈칸을 알맞게 채우세요.

▶ 정답 및 해설 19쪽

개념 다지기 1
계산해 보세요.

개념 다지기 2
계산해 보세요.

정답 및 해설 **19**

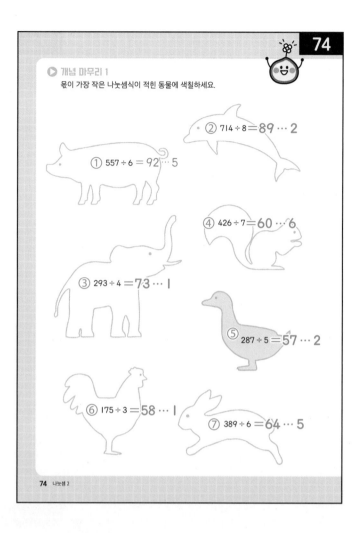

74쪽

①
```
      9 2
  6 ) 5 5 7
      5 4
      1 7
      1 2
        5
```

②
```
      8 9
  8 ) 7 1 4
      6 4
      7 4
      7 2
        2
```

③
```
      7 3
  4 ) 2 9 3
      2 8
      1 3
      1 2
        1
```

④
```
      6 0
  7 ) 4 2 6
      4 2
        6
```

⑤
```
      5 7
  5 ) 2 8 7
      2 5
      3 7
      3 5
        2
```

⑥
```
      5 8
  3 ) 1 7 5
      1 5
      2 5
      2 4
        1
```

⑦
```
      6 4
  6 ) 3 8 9
      3 6
      2 9
      2 4
        5
```

▶ 정답 및 해설 2

⊙ 개념 마무리 2

물음에 답하세요.

1

장미 419송이를 3송이씩 묶어 꽃다발을 만듭니다. 꽃다발은 몇 개까지 만들 수 있을까요?

식 $419 \div 3 = 139 \cdots 2$ 답 139 개

2

알밤 563개를 한 봉지에 8개씩 담아서 포장하려고 합니다. 몇 봉지까지 포장할 수 있을까요?

식 $563 \div 8 = 70 \cdots 3$ 답 70 봉지

3

학교에서 체육대회를 하려고 학생 192명을 두 팀으로 똑같이 나누었습니다. 한 팀은 몇 명일까요?

식 $192 \div 2 = 96$ 답 96 명

4

연필 945자루를 4반에게 똑같이 나누어 주려고 합니다. 한 반에 몇 자루까지 나누어 줄 수 있을까요?

식 $945 \div 4 = 236 \cdots 1$ 답 236 자루

5

색종이 281장을 3모둠에게 똑같이 나누어 주려고 합니다. 한 모둠에 몇 장까지 나누어 줄 수 있을까요?

식 $281 \div 3 = 93 \cdots 2$ 답 93 장

6

초콜릿 645개를 친구들에게 7개씩 나누어 주려고 합니다. 몇 명까지 나누어 줄 수 있을까요?

식 $645 \div 7 = 92 \cdots 1$ 답 92 명

5. (세 자리 수) ÷ (한 자리 수) **75**

75쪽

1

```
    1 3 9
3 ) 4 1 9
    3
    ─
    1 1
      9
    ─
    2 9
    2 7
    ─
      2
```

2

```
      7 0
8 ) 5 6 3
    5 6
    ─
      3
```

3

```
      9 6
2 ) 1 9 2
    1 8
    ─
      1 2
      1 2
      ─
        0
```

4

```
    2 3 6
4 ) 9 4 5
    8
    ─
    1 4
    1 2
    ─
      2 5
      2 4
      ─
        1
```

5

```
      9 3
3 ) 2 8 1
    2 7
    ─
      1 1
        9
      ─
        2
```

6

```
      9 2
7 ) 6 4 5
    6 3
    ─
      1 5
      1 4
      ─
        1
```

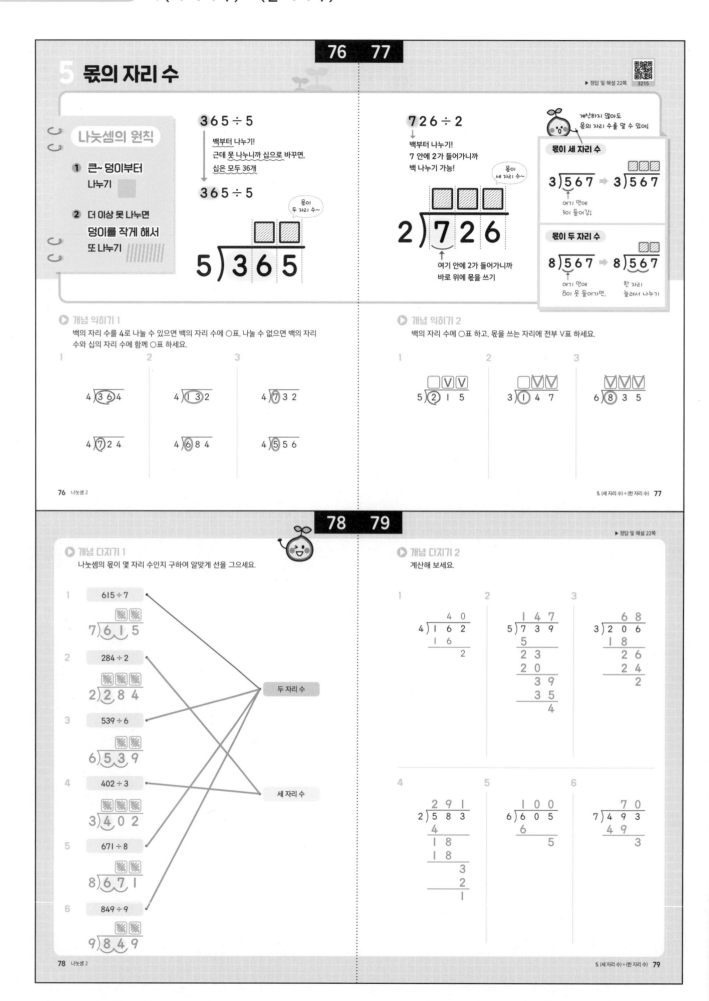

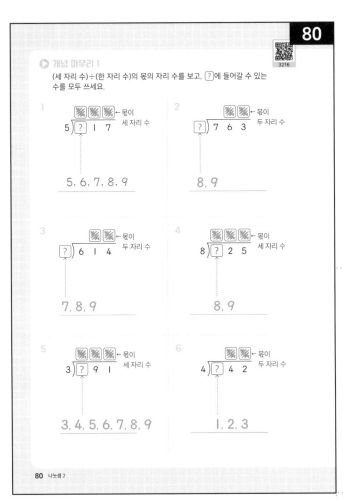

○ 개념 마무리 1

(세 자리 수)÷(한 자리 수)의 몫의 자리 수를 보고, ?에 들어갈 수 있는 수를 모두 쓰세요.

1. 몫이 세 자리 수
   5.6.7.8.9

2. 몫이 두 자리 수
   8.9

3. 몫이 두 자리 수
   7.8.9

4. 몫이 세 자리 수
   8.9

5. 몫이 세 자리 수
   3.4.5.6.7.8.9

6. 몫이 두 자리 수
   1.2.3

---

1 몫이 세 자리 수가 되려면

여기 안에 **5**가
들어가야 함

→ 따라서 **?**는 5보다 크거나 같은 5, 6, 7, 8, 9

---

2 몫이 두 자리 수가 되려면

여기 안에 **?**가
못 들어가서

이렇게 한 자리
늘려서 나누어야 함

→ 따라서 **?**는 7보다 큰 8, 9

---

3 몫이 두 자리 수가 되려면

여기 안에 **?**가
못 들어가서

이렇게 한 자리
늘려서 나누어야 함

→ 따라서 **?**는 6보다 큰 7, 8, 9

---

4 몫이 세 자리 수가 되려면

여기 안에 **8**이
들어가야 함

→ 따라서 **?**는 8보다 크거나 같은 8, 9

---

5 몫이 세 자리 수가 되려면

여기 안에 **3**이
들어가야 함

→ 따라서 **?**는 3보다 크거나 같은 3, 4, 5, 6, 7, 8, 9

---

6 몫이 두 자리 수가 되려면

여기 안에 **4**가
못 들어가서

이렇게 한 자리
늘려서 나누어야 함

→ 따라서 **?**는 4보다 작은 1, 2, 3

1 몫이 세 자리 수가 되려면

여기 안에 **?**가 들어가야 함 → 따라서 **?**는 4보다 작거나 같아야 함

2 ╳5 3

➡ 남은 2, 3을 **?**에 넣고 계산하여 나누어떨어지는 것 찾기

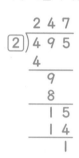

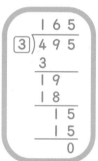

→ 나누어떨어짐

▶ 정답 및 해설 2

● 개념 마무리 2
조건을 만족하는 수 카드에 ○표 하고, 빈칸에 그 수를 쓰세요.

1
몫이 세 자리 수이고, 나누어떨어지는 나눗셈
➡ 495 ÷ 3   2   5   ③

2
몫이 두 자리 수이고, 나누어떨어지는 나눗셈
➡ 510 ÷ 6   ⑥   4   7

3
몫이 세 자리 수이고, 나머지가 있는 나눗셈
➡ 375 ÷ 2   3   8   ②

4
몫이 두 자리 수이고, 나누어떨어지는 나눗셈
➡ 539 ÷ 7   ⑦   5   4

5
몫이 세 자리 수이고, 나누어떨어지는 나눗셈
➡ 828 ÷ 3   5   ③   9

6
몫이 두 자리 수이고, 나머지가 있는 나눗셈
➡ 704 ÷ 9   6   2   ⑨

5. (세 자리 수)÷(한 자리 수)   81

---

2 몫이 두 자리 수가 되려면

여기 안에 **?**가 못 들어가서   이렇게 한 자리 늘려서 나누어야 함

→ 따라서 **?**는 5보다 커야 함

6 ╳ 7

➡ 남은 6, 7을 **?**에 넣고 계산하여 나누어떨어지는 것 찾기

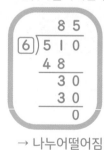

→ 나누어떨어짐

3 몫이 세 자리 수가 되려면

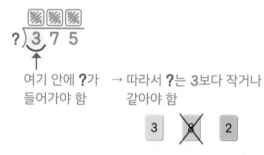

여기 안에 **?**가 들어가야 함 → 따라서 **?**는 3보다 작거나 같아야 함

3 ╳8 2

➡ 남은 2, 3을 **?**에 넣고 계산하여 나머지가 있는 것 찾기

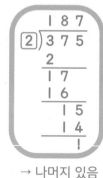

→ 나머지 있음

4

몫이 두 자리 수가 되려면

여기 안에 **?**가
못 들어가서

이렇게 한 자리
늘려서 나누어
야 함

→ 따라서 **?**는 5보다 커야 함

➡ 정답은 7
　→ 나누어떨어지는지 확인

```
      7 7
 7 )5 3 9
   4 9
   ─────
     4 9
     4 9
   ─────
       0
```

5

몫이 세 자리 수가 되려면

여기 안에 **?**가
들어가야 함

→ 따라서 **?**는 8보다 작거나
　같아야 함

➡ 남은 3, 5를 **?**에 넣고 계산하여
　나누어떨어지는 것 찾기

```
      2 7 6
 3 )8 2 8
   6
   ─────
   2 2
   2 1
   ─────
     1 8
     1 8
   ─────
       0
```

```
      1 6 5
 5 )8 2 8
   5
   ─────
   3 2
   3 0
   ─────
     2 8
     2 5
   ─────
       3
```

→ 나누어떨어짐

6

몫이 두 자리 수가 되려면

여기 안에 **?**가
못 들어가서

이렇게 한 자리
늘려서 나누어
야 함

→ 따라서 **?**는 7보다 커야 함

➡ 정답은 9
　→ 나머지가 있는지 확인

```
      7 8
 9 )7 0 4
   6 3
   ─────
     7 4
     7 2
   ─────
       2
```

정답 및 해설

82쪽

3

```
      1 1 8
 4 )4 7 2
   4
   ─────
     7
     4
   ─────
     3 2
     3 2
   ─────
       0
```

```
      1 3 1
 3 )3 9 5
   3
   ─────
     9
     9
   ─────
       5
       3
   ─────
       2
```

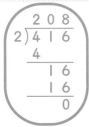

```
      2 0 8
 2 )4 1 6
   4
   ─────
     1 6
     1 6
   ─────
       0
```

```
      1 2 1
 5 )6 0 8
   5
   ─────
     1 0
     1 0
   ─────
       8
       5
   ─────
       3
```

4

```
      3 2 1
 3 )9 6 3
   9
   ─────
     6
     6
   ─────
       3
       3
   ─────
       0
```

```
      3 0 2
 2 )6 0 4
   6
   ─────
     4
     4
   ─────
       0
```

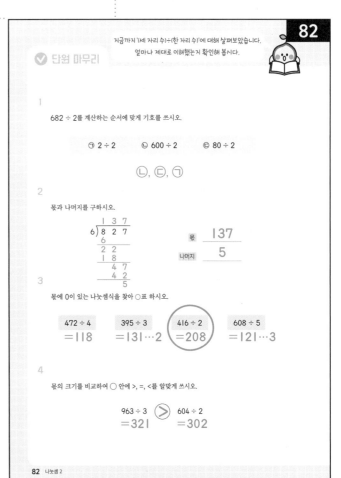

83쪽

6

8)5 5 2 ➡ 8)5 5 2 → 몫은 두 자리 수

↑ 여기 안에 8이 못 들어가니까

이렇게 한 자리 늘려서 나누어야 함

---

2)3 9 7 → 몫은 세 자리 수

↑ 여기 안에 2가 들어감

---

4)4 1 5 → 몫은 세 자리 수

↑ 여기 안에 4가 들어감

---

7)6 2 3 ➡ 7)6 2 3 → 몫은 두 자리 수

↑ 여기 안에 7이 못 들어가니까

이렇게 한 자리 늘려서 나누어야 함

7

```
      1 0 4
6) 6 2 9
    6
    ─────
    2 9
    2 4
    ─────
      5
```

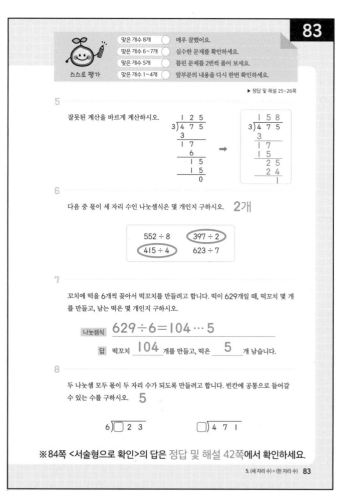

스스로 평가
맞은 개수 8개 ○ 매우 잘했어요.
맞은 개수 6~7개 ○ 실수한 문제를 확인하세요.
맞은 개수 5개 ○ 틀린 문제를 2번씩 풀어 보세요.
맞은 개수 1~4개 ○ 앞부분의 내용을 다시 한번 확인하세요.

▶ 정답 및 해설 25~26쪽

5 잘못된 계산을 바르게 계산하시오.

6 다음 중 몫이 세 자리 수인 나눗셈식은 몇 개인지 구하시오.   **2개**

552 ÷ 8   (397 ÷ 2)
(415 ÷ 4)   623 ÷ 7

7 꼬치에 떡을 6개씩 꽂아서 떡꼬치를 만들려고 합니다. 떡이 629개일 때, 떡꼬치 몇 개를 만들고, 남는 떡은 몇 개인지 구하시오.

나눗셈식 $629 ÷ 6 = 104 \cdots 5$

답 떡꼬치 104 개를 만들고, 떡은 5 개 남습니다.

8 두 나눗셈 모두 몫이 두 자리 수가 되도록 만들려고 합니다. 빈칸에 공통으로 들어갈 수 있는 수를 구하시오.   **5**

6)□ 2 3   □)4 7 1

※84쪽 <서술형으로 확인>의 답은 정답 및 해설 42쪽에서 확인하세요.

5. (세 자리 수) ÷ (한 자리 수) 83

---

8 두 나눗셈 모두 몫이 두 자리 수

6)? 2 3 ➡ 6)? 2 3

↑ 여기 안에 6이 못 들어가서

이렇게 한 자리 늘려서 나누어야 함

→ 따라서 **?**는 6보다 작은 1, 2, 3, 4, 5

?)4 7 1 ➡ ?)4 7 1

↑ 여기 안에 **?**가 못 들어가서

이렇게 한 자리 늘려서 나누어야 함

→ 따라서 **?**는 4보다 큰 5, 6, 7, 8, 9

➡ 빈칸에 공통으로 들어갈 수 있는 수는 5

1 10으로 나누기

▶정답 및 해설 27쪽
3218

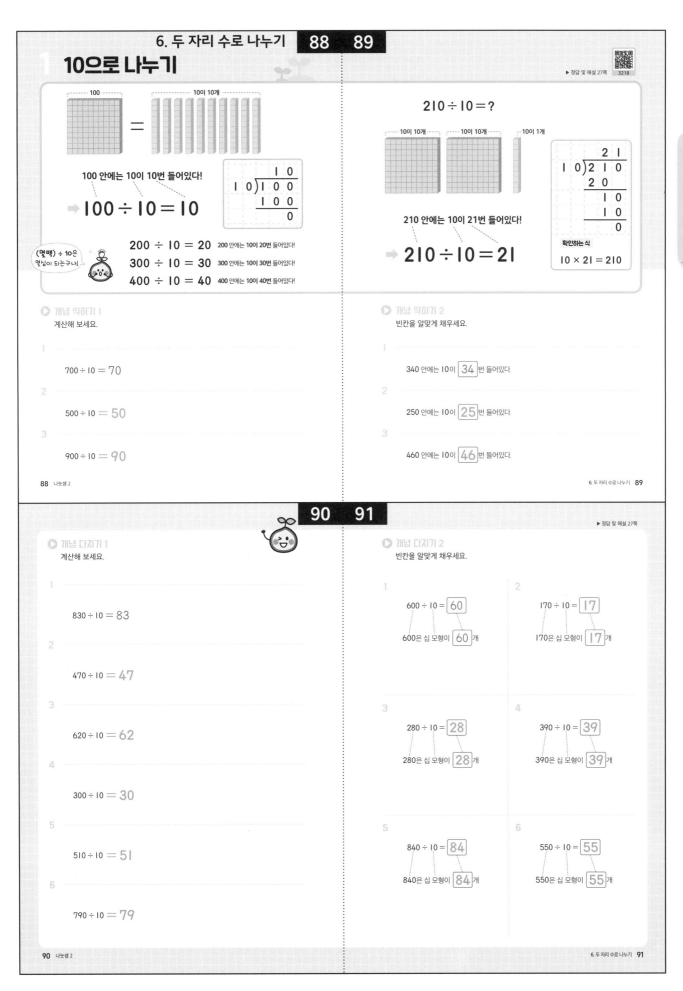

100 안에는 10이 10번 들어있다!

➡ $100 \div 10 = 10$

(몇백) ÷ 10은 몇십이 되는구나!

$200 \div 10 = 20$　200 안에는 10이 20번 들어있다!
$300 \div 10 = 30$　300 안에는 10이 30번 들어있다!
$400 \div 10 = 40$　400 안에는 10이 40번 들어있다!

$210 \div 10 = ?$

210 안에는 10이 21번 들어있다!

➡ $210 \div 10 = 21$

확인하는 식
$10 \times 21 = 210$

▶ 개념 익히기 1
계산해 보세요.

1　$700 \div 10 = 70$

2　$500 \div 10 = 50$

3　$900 \div 10 = 90$

▶ 개념 익히기 2
빈칸을 알맞게 채우세요.

1　340 안에는 10이 [34] 번 들어있다.

2　250 안에는 10이 [25] 번 들어있다.

3　460 안에는 10이 [46] 번 들어있다.

▶정답 및 해설 27쪽

▶ 개념 다지기 1
계산해 보세요.

1　$830 \div 10 = 83$

2　$470 \div 10 = 47$

3　$620 \div 10 = 62$

4　$300 \div 10 = 30$

5　$510 \div 10 = 51$

6　$790 \div 10 = 79$

▶ 개념 다지기 2
빈칸을 알맞게 채우세요.

1　$600 \div 10 = $ [60]
600은 십 모형이 [60] 개

2　$170 \div 10 = $ [17]
170은 십 모형이 [17] 개

3　$280 \div 10 = $ [28]
280은 십 모형이 [28] 개

4　$390 \div 10 = $ [39]
390은 십 모형이 [39] 개

5　$840 \div 10 = $ [84]
840은 십 모형이 [84] 개

6　$550 \div 10 = $ [55]
550은 십 모형이 [55] 개

▶ 정답 및 해설 28쪽

● 개념 마무리 1

나눗셈을 보고 확인하는 식을 쓰세요.

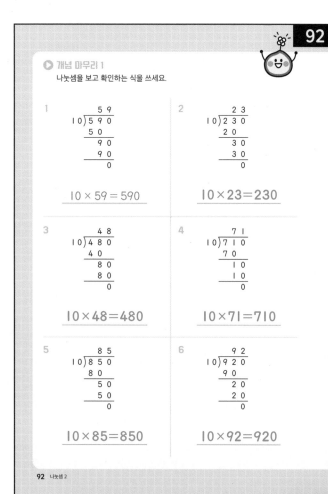

$10 \times 59 = 590$

$10 \times 23 = 230$

$10 \times 48 = 480$

$10 \times 71 = 710$

$10 \times 85 = 850$

$10 \times 92 = 920$

● 개념 마무리 2

빈칸을 알맞게 채우세요.

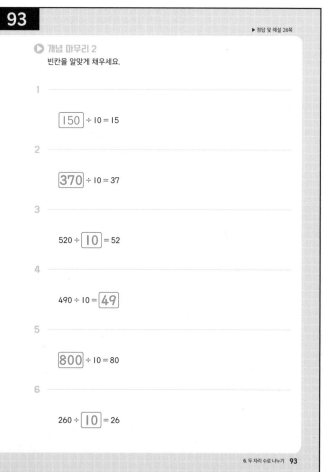

1

$\boxed{150} \div 10 = 15$

2

$\boxed{370} \div 10 = 37$

3

$520 \div \boxed{10} = 52$

4

$490 \div 10 = \boxed{49}$

5

$\boxed{800} \div 10 = 80$

6

$260 \div \boxed{10} = 26$

2　몇십으로 나누기 (1)

▶ 정답 및 해설 28쪽

3219

$$120 \div 30 = ?$$

30씩 묶기

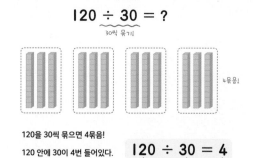

4묶음

120을 30씩 묶으면 4묶음!

120 안에 30이 4번 들어있다.

$120 - 30 - 30 - 30 - 30 = 0$

4번

$120 \div 30 = 4$

120은　30씩　4묶음

$$120 \div 30 = 4$$

십 모형　십 모형

12개를　3개씩 묶으면　4묶음

$12 \div 3 = 4$

$30 \overline{)120}$

120

0

확인하는 식

$30 \times 4 = 120$

$\square 0 \div \triangle 0$

→ $\square \div \triangle$

둘 다 똑같이 0이 붙어 있으면?
→ 둘 다 똑같이 0을 떼고 생각하면 쉬워~

● 개념 익히기 1

뺄셈식을 나눗셈식으로 바꾸어 쓰세요.

1
$150 - 50 - 50 - 50 = 0$
→ $150 \div 50 = 3$

2
$100 - 20 - 20 - 20 - 20 - 20 = 0$
→ $100 \div 20 = 5$

3
$160 - 40 - 40 - 40 - 40 = 0$
→ $160 \div 40 = 4$

● 개념 익히기 2

나눗셈식을 보고 십 모형을 알맞게 묶어 보세요.

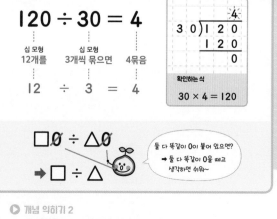

1　　　　2　　　　3

$150 \div 50$　　$100 \div 20$　　$160 \div 40$

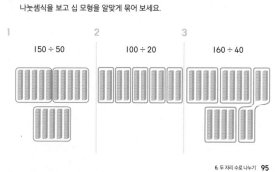

▶ 정답 및 해설 29쪽

▶ **개념 다지기 1**
빈칸을 알맞게 채우세요.

1
720 ÷ 90
십 모형　　십 모형
72 개　　9 개
72 ÷ 9 = 8
➡ 720 ÷ 90 = 8

2
210 ÷ 30
십 모형　　십 모형
21 개　　3 개
21 ÷ 3 = 7
➡ 210 ÷ 30 = 7

3
480 ÷ 80
십 모형　　십 모형
48 개　　8 개
48 ÷ 8 = 6
➡ 480 ÷ 80 = 6

4
350 ÷ 70
십 모형　　십 모형
35 개　　7 개
35 ÷ 7 = 5
➡ 350 ÷ 70 = 5

5
540 ÷ 60
십 모형　　십 모형
54 개　　6 개
54 ÷ 6 = 9
➡ 540 ÷ 60 = 9

6
630 ÷ 90
십 모형　　십 모형
63 개　　9 개
63 ÷ 9 = 7
➡ 630 ÷ 90 = 7

▶ **개념 다지기 2**
가장 끝자리에 공통으로 있는 0에 /표를 하고, 나눗셈식을 간단히 바꿔서 계산하세요.

1
48Ø ÷ 6Ø
= 48 ÷ 6
= 8

2
28Ø ÷ 4Ø
= 28 ÷ 4
= 7

3
36Ø ÷ 9Ø
= 36 ÷ 9
= 4

4
72Ø ÷ 8Ø
= 72 ÷ 8
= 9

5
42Ø ÷ 7Ø
= 42 ÷ 7
= 6

6
64Ø ÷ 8Ø
= 64 ÷ 8
= 8

▶ 정답 및 해설 29쪽

▶ **개념 마무리 1**
계산해 보세요.

1
210 ÷ 30 = 7

2
450 ÷ 50 = 9

3
360 ÷ 60 = 6

4
560 ÷ 80 = 7

5
630 ÷ 70 = 9

6
270 ÷ 90 = 3

▶ **개념 마무리 2**
몫이 짝수이면 노란색, 홀수이면 파란색으로 색칠하세요.

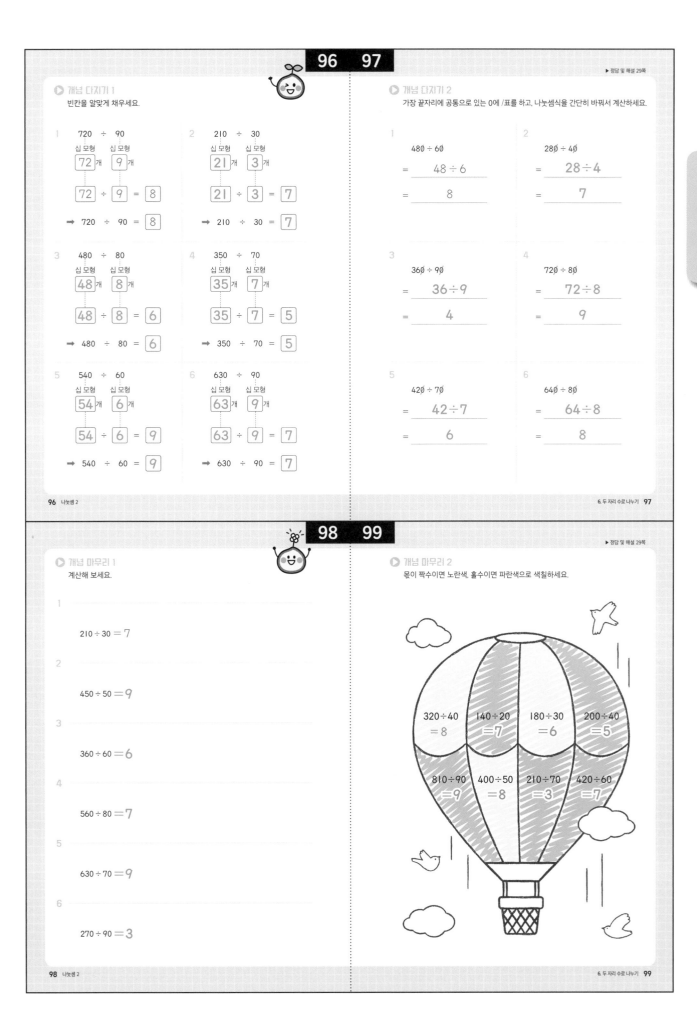

320÷40 = 8
140÷20 = 7
180÷30 = 6
200÷40 = 5
810÷90 = 9
400÷50 = 8
210÷70 = 3
420÷60 = 7

정답 및 해설　**29**

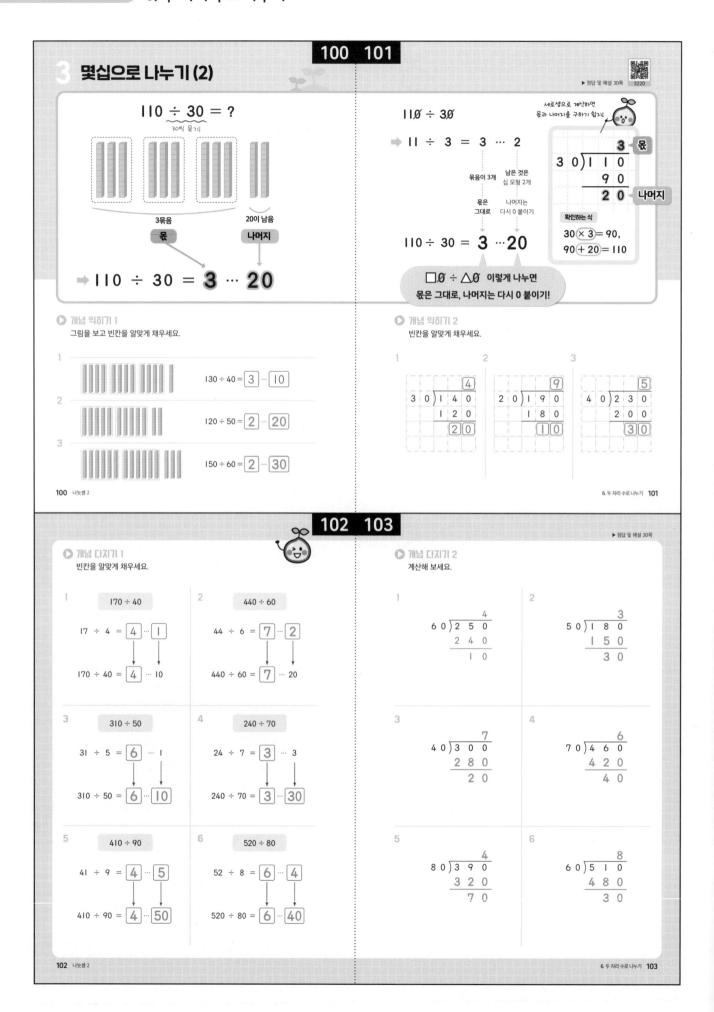

▶ 정답 및 해설 31쪽

개념 마무리 1

설명이 옳은 것에 ○표, 틀린 것에 ×표 하세요.

1
$90\overline{\smash{)}800}$ 8
  720
   80

· 전체를 90씩 묶으면 묶음이 9개이다. (×)
· 80÷9와 몫이 같다. (○)
$80÷9=⑧\cdots8$

2
$50\overline{\smash{)}370}$ 7
  350
   20

· 전체를 50씩 묶으면 묶음이 7개이다. (○)
· 37÷5와 나머지가 같다. (×)
$37÷5=7\cdots②$

3
$80\overline{\smash{)}430}$ 5
  400
   30

· 43÷8과 몫이 같다. (○) $43÷8=⑤\cdots3$
· 나누어떨어지는 나눗셈이다. (×)

4
$40\overline{\smash{)}290}$ 7
  280
   10

· 십 모형 29개를 4개씩 묶는 것과 묶음의 수가 같다. (○)
· 나머지가 10이다. (○)

5
$60\overline{\smash{)}500}$ 8
  480
   20

50÷6
· 500÷6과 몫이 같다. (×)
· 50÷6과 나머지가 같다. (×)
$50÷6=8\cdots②$

6
$70\overline{\smash{)}580}$ 8
  560
   20

· 70×9=630이므로 몫은 9보다 작다. (○)
· 나머지가 0이다. (×)

개념 마무리 2

물음에 답하세요.

1
$80\overline{\smash{)}590}$ 7
  560
   30

귤 590개를 한 상자에 80개씩 담으면 몇 상자가 되고, 남는 귤은 몇 개일까요?

식 $590÷80=7\cdots30$

답 __7__ 상자가 되고, 남는 귤은 __30__ 개입니다.

2
$40\overline{\smash{)}350}$ 8
  320
   30

책 350권을 40권씩 묶으면 몇 묶음이 되고, 몇 권이 남을까요?

식 $350÷40=8\cdots30$

답 __8__ 묶음이 되고, __30__ 권이 남습니다.

3
$30\overline{\smash{)}280}$ 9
  270
   10

달걀 280개를 한 판에 30개씩 담아서 팔려고 합니다. 팔 수 있는 달걀은 몇 판이고, 남는 달걀은 몇 개일까요?

식 $280÷30=9\cdots10$

답 __9__ 판을 팔 수 있고, 남는 달걀은 __10__ 개입니다.

4
$50\overline{\smash{)}470}$ 9
  450
   20

사탕 470개를 50봉지에 똑같이 나누어 담으면, 한 봉지에 사탕을 몇 개씩 담고, 남는 사탕은 몇 개일까요?

식 $470÷50=9\cdots20$

답 한 봉지에 사탕을 __9__ 개씩 담고, 남는 사탕은 __20__ 개입니다.

---

4 몫의 자리 수 구분하기

▶ 정답 및 해설 31쪽

두 자리 수로 나눌 때 몫의 자리 수

몫이 한 자리 수이면 일의 자리에 쓰기
$30\overline{\smash{)}299}$
  298
  297
30의 10배 보다 작음↓ 296
  ⋮

$30\overline{\smash{)}300}$ 10
30의 10배

몫이 두 자리 수이면 십의 자리와 일의 자리에
$30\overline{\smash{)}301}$
  302
  303
30의 10배 보다 큼↓ 304
  ⋮

$12\overline{\smash{)}\square\square\square}$

세 자리 수를 두 자리 수로 나눌 때는,

앞의 두 자리 수만 보면 몫이 몇 자리 수인지 알 수 있어

$12\overline{\smash{)}11\square}$
나누는 수가 여기 안에 못 들어가면
10배
120 > 11□
몫은 한 자리 수!
$12\overline{\smash{)}11\square}$

$12\overline{\smash{)}12\square}$ 똑같아
나누는 수가 여기 안에 들어가면
10배
120은 12□보다 작거나 같음
몫은 10, 두 자리 수!
$12\overline{\smash{)}12\square}$ 10

$12\overline{\smash{)}13\square}$
나누는 수가 여기 안에 들어가면
10배
120 < 13□
몫은 두 자리 수!
$12\overline{\smash{)}13\square}$

개념 익히기 1

나누어지는 수가 나누는 수의 10배일 때, 몫을 알맞게 쓰세요.

1
$50\overline{\smash{)}500}$ □10

2
$40\overline{\smash{)}400}$ □10

3
$60\overline{\smash{)}600}$ □10

개념 익히기 2

나눗셈식에서 ⌣표시한 부분을 보고 알맞은 말에 ○표 하세요.

1
$20\overline{\smash{)}15\,9}$
↓
20이 15 안에
(들어가니까 , 못 들어가니까)
몫은 (한), 두) 자리 수

2
$42\overline{\smash{)}24\,5}$
↓
42가 24 안에
(들어가니까 , 못 들어가니까)
몫은 (한), 두) 자리 수

3
$50\overline{\smash{)}50\,7}$
↓
50이 50 안에
(들어가니까 , 못 들어가니까)
몫은 (한 , (두)) 자리 수

정답 및 해설 **31**

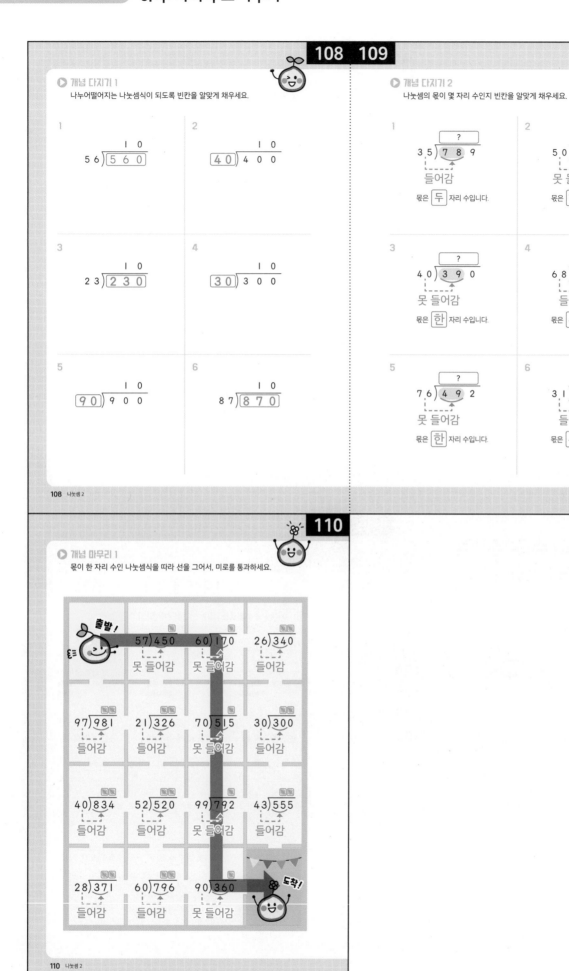

1

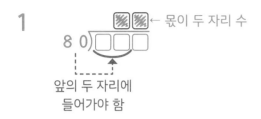

2

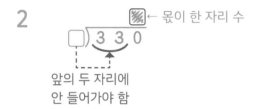

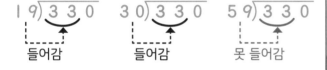

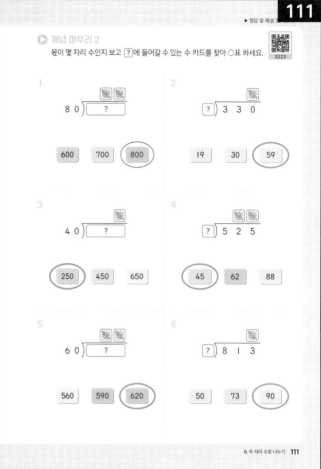

3

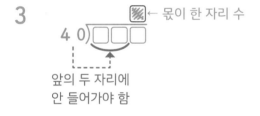

4

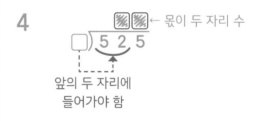

5

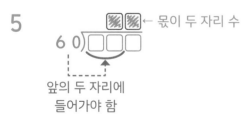

6

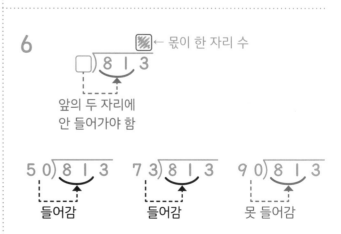

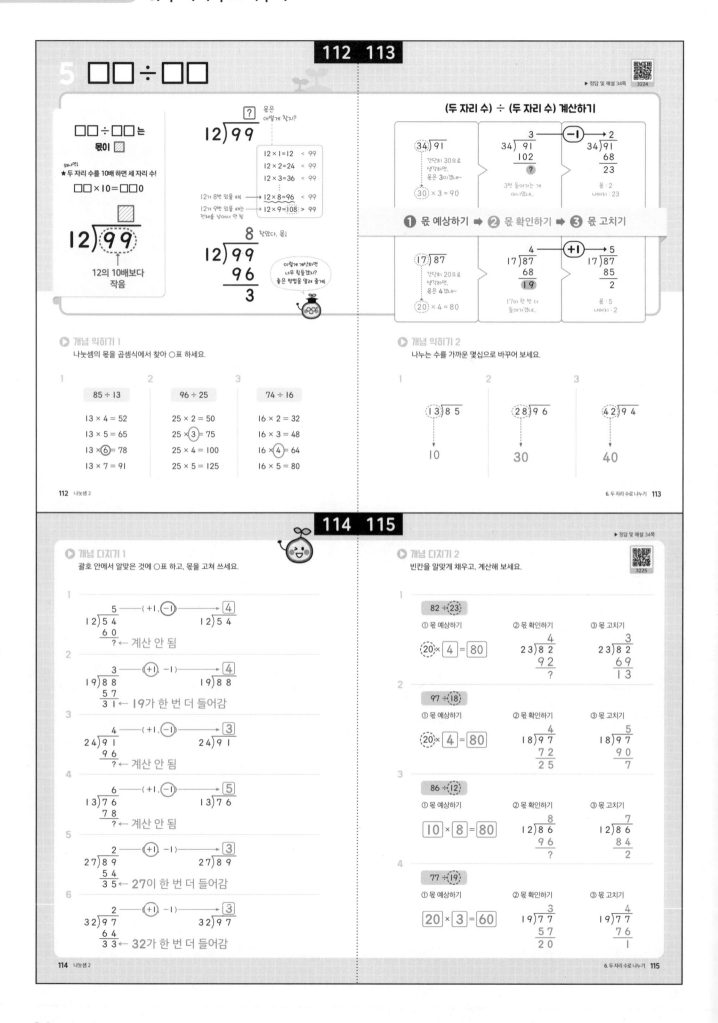

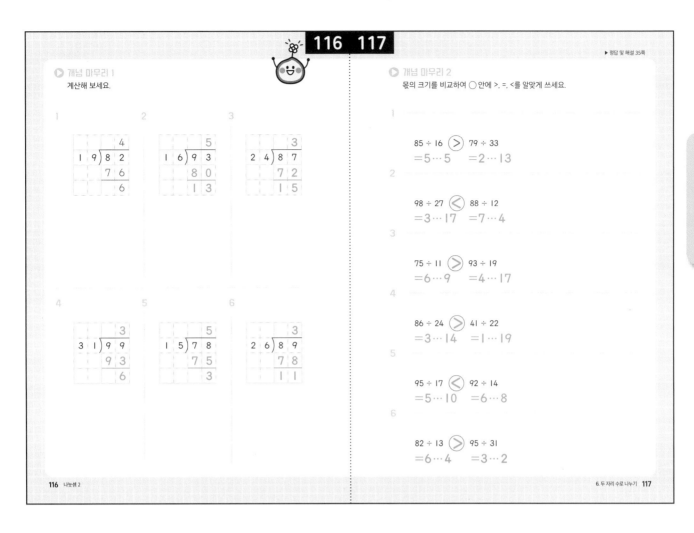

◎ 개념 마무리 1
계산해 보세요.

◎ 개념 마무리 2
몫의 크기를 비교하여 ◯ 안에 >, =, <를 알맞게 쓰세요.

1 $85 \div 16$ ⟩ $79 \div 33$
　 $=5\cdots5$ 　 $=2\cdots13$

2 $98 \div 27$ ⟨ $88 \div 12$
　 $=3\cdots17$ 　 $=7\cdots4$

3 $75 \div 11$ ⟩ $93 \div 19$
　 $=6\cdots9$ 　 $=4\cdots17$

4 $86 \div 24$ ⟩ $41 \div 22$
　 $=3\cdots14$ 　 $=1\cdots19$

5 $95 \div 17$ ⟨ $92 \div 14$
　 $=5\cdots10$ 　 $=6\cdots8$

6 $82 \div 13$ ⟩ $95 \div 31$
　 $=6\cdots4$ 　 $=3\cdots2$

117쪽

1

```
      5
16)8 5
   8 0
     5
```

```
      2
33)7 9
   6 6
   1 3
```

2

```
      3
27)9 8
   8 1
   1 7
```

```
      7
12)8 8
   8 4
     4
```

3

```
      6
11)7 5
   6 6
     9
```

```
      4
19)9 3
   7 6
   1 7
```

4

```
      3
24)8 6
   7 2
   1 4
```

```
      1
22)4 1
   2 2
   1 9
```

5

```
      5
17)9 5
   8 5
   1 0
```

```
      6
14)9 2
   8 4
     8
```

6

```
      6
13)8 2
   7 8
     4
```

```
      3
31)9 5
   9 3
     2
```

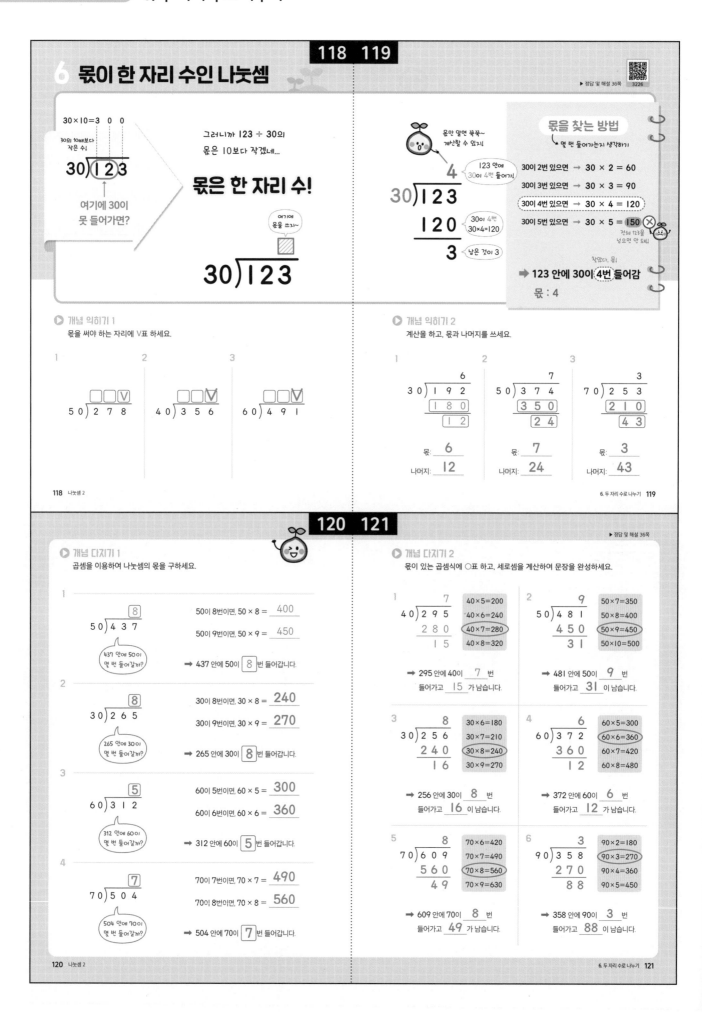

▶ 정답 및 해설 37쪽

개념 마무리 1
계산해 보세요.

1
$$
\begin{array}{r}
8 \\
60\overline{)483} \\
480 \\
\hline 3
\end{array}
$$

2
$$
\begin{array}{r}
3 \\
70\overline{)244} \\
210 \\
\hline 34
\end{array}
$$

3
$$
\begin{array}{r}
5 \\
50\overline{)298} \\
250 \\
\hline 48
\end{array}
$$

4
$$
\begin{array}{r}
6 \\
80\overline{)559} \\
480 \\
\hline 79
\end{array}
$$

5
$$
\begin{array}{r}
4 \\
70\overline{)321} \\
280 \\
\hline 41
\end{array}
$$

6
$$
\begin{array}{r}
7 \\
90\overline{)645} \\
630 \\
\hline 15
\end{array}
$$

개념 마무리 2
몫이 다른 나눗셈 하나를 찾아 ○표 하세요.

1
40)341 → 8, 320, 21 | (40)269 → 6, 240, 29) ◯ | 50)427 → 8, 400, 27

2
30)165 → 5, 150, 15 | 50)273 → 5, 250, 23 | (20)148 → 7, 140, 8) ◯

3
(50)463 → 9, 450, 13) ◯ | 30)225 → 7, 210, 15 | 60)436 → 7, 420, 16

4
70)292 → 4, 280, 12 | (40)207 → 5, 200, 7) ◯ | 30)140 → 4, 120, 20

5
(60)314 → 5, 300, 14) ◯ | 20)139 → 6, 120, 19 | 50)323 → 6, 300, 23

6
40)155 → 3, 120, 35 | 80)245 → 3, 240, 5 | (30)297 → 9, 270, 27) ◯

---

7 몫이 두 자리 수인 나눗셈

▶ 정답 및 해설 37쪽

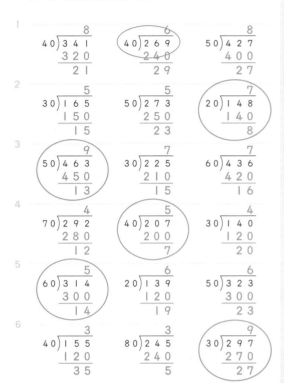

개념 익히기 1
두 자리 수로 나눌 때, 가장 먼저 나누어지는 부분에 ○표 하세요.

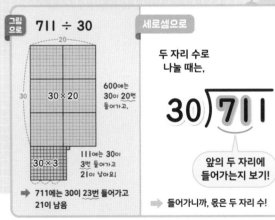

1 21)(84)0
2 40)(91)8
3 55)(60)7

개념 익히기 2
나누어지는 수의 앞의 두 자리에 40이 들어가면 ○표, 못 들어가면 ✕표 하세요.

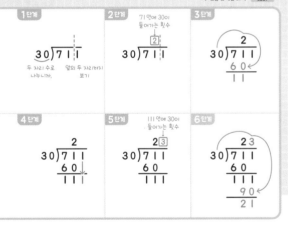

1 40)847   (◯)
2 40)218   (✕)
3 40)663   (◯)

126 127

▶ 정답 및 해설 38쪽

개념 다지기 1

4 또는 40으로 나누는 나눗셈입니다. 가장 먼저 나누어지는 부분에
○표 하세요.

1
$$4\,)\,\underline{8}\,2\,9$$

2
$$40\,)\,\underline{5}\,6\,8$$

3
$$40\,)\,\underline{7}\,3\,1$$

4
$$4\,)\,\underline{6}\,3\,9$$

5
$$40\,)\,\underline{6}\,9\,0$$

6
$$4\,)\,\underline{9}\,9\,8$$

개념 다지기 2

가장 먼저 나누어지는 부분에 밑줄을 긋고, 나누는 수가 몇 번 들어가는지 빈칸을
알맞게 채우세요.

1
$$40\,)\,\overset{2}{\underline{8\,5}}\,2$$

2
$$50\,)\,\overset{1}{\underline{9\,1}}\,7$$

3
$$22\,)\,\overset{3}{\underline{7\,2}}\,3$$

4
$$30\,)\,\overset{2}{\underline{6\,4}}\,9$$

5
$$71\,)\,\overset{1}{8\,0}\,5$$

6
$$20\,)\,\overset{4}{9\,5}\,2$$

---

128 129

▶ 정답 및 해설 38쪽

개념 마무리 1

나눗셈 과정을 완성해 보세요.

1
```
        2 1
  40 ) 8 5 2
        8 0
        5 2
        4 0
        1 2
```

2
```
        1 8
  50 ) 9 1 7
        5 0
        4 1 7
        4 0 0
          1 7
```

3
```
        3 2
  22 ) 7 2 3
        6 6
        6 3
        4 4
        1 9
```

4
```
          2 2
  30 ) 6 8 4
        6 0
          8 4
          6 0
          2 4
```

5
```
          1 1
  71 ) 8 0 5
        7 1
          9 5
          7 1
          2 4
```

6
```
          4 7
  20 ) 9 5 2
        8 0
        1 5 2
        1 4 0
          1 2
```

개념 마무리 2

계산해 보세요.

1
```
          3 6
  20 ) 7 2 8
        6 0
        1 2 8
        1 2 0
            8
```

2
```
          2 1
  46 ) 9 7 3
        9 2
          5 3
          4 6
            7
```

3
```
          3 6
  20 ) 7 2 8
        6 0
        1 2 8
        1 2 0
            8
```

4
```
          2 3
  31 ) 7 1 9
        6 2
          9 9
          9 3
            6
```

5
```
          1 5
  60 ) 9 2 3
        6 0
        3 2 3
        3 0 0
          2 3
```

6
```
          1 6
  50 ) 8 0 3
        5 0
        3 0 3
        3 0 0
            3
```

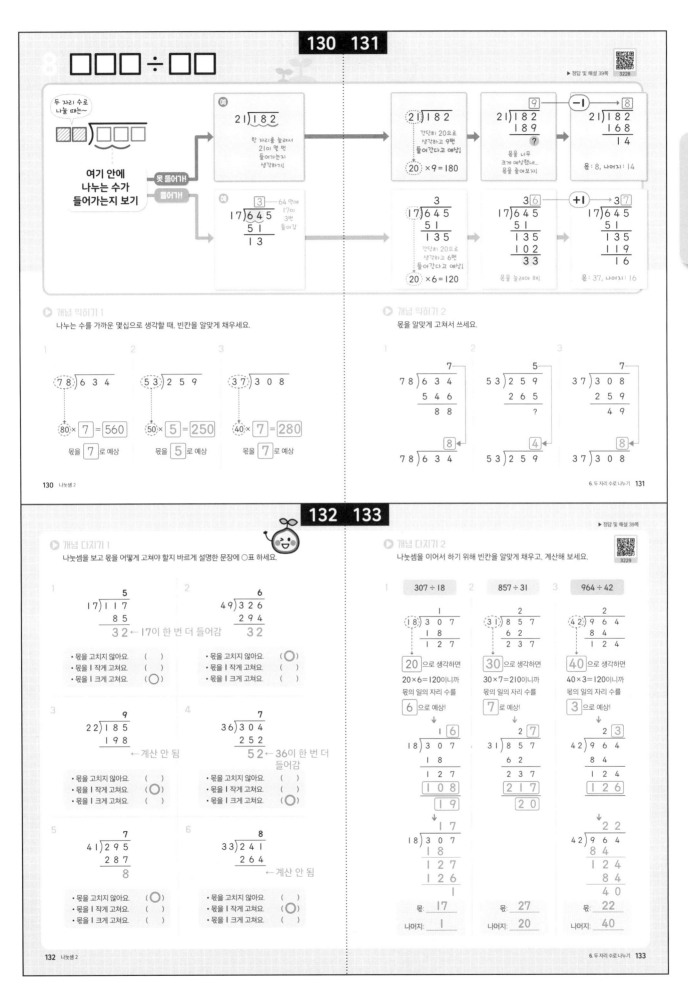

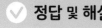 **정답 및 해설** 6. 두 자리 수로 나누기

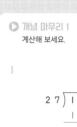

134 135

▶ 정답 및 해설 40쪽

개념 마무리 1
계산해 보세요.

1
$$27)\overline{198}$$
$$\underline{189}$$
$$9$$
몫 7

2
$$35)\overline{247}$$
$$\underline{245}$$
$$2$$
몫 7

3
$$21)\overline{816}$$
$$\underline{63}$$
$$186$$
$$\underline{168}$$
$$18$$
몫 38

4
$$49)\overline{901}$$
$$\underline{49}$$
$$411$$
$$\underline{392}$$
$$19$$
몫 18

5
$$62)\overline{379}$$
$$\underline{372}$$
$$7$$
몫 6

6
$$58)\overline{743}$$
$$\underline{58}$$
$$163$$
$$\underline{116}$$
$$47$$
몫 12

개념 마무리 2
물음에 답하세요.

1
연필 151자루를 필통에 담으려고 합니다. 필통 1개에 연필을 24자루 넣을 수 있을 때, 연필을 빠짐없이 모두 넣으려면 필통은 적어도 몇 개 필요할까요?
식 $151 \div 24 = 6 \cdots 7$ 답 7 개

2
한 번에 62명씩 탈 수 있는 바이킹을 타기 위해 349명이 줄을 서 있습니다. 줄을 선 사람들을 빠짐없이 모두 태우려면 바이킹은 적어도 몇 번 운행해야 할까요?
식 $349 \div 62 = 5 \cdots 39$ 답 6 번

3
리본 하나를 만드는 데 끈이 41 cm 필요합니다. 끈 508 cm로 리본을 만든다면 몇 개까지 만들 수 있을까요?
식 $508 \div 41 = 12 \cdots 16$ 답 12 개

4
불우이웃을 돕기 위해 연탄 406장을 나르려고 합니다. 한 번에 연탄을 55장 담을 수 있는 수레에 담아 나르려면, 적어도 몇 번 날라야 할까요?
식 $406 \div 55 = 7 \cdots 21$ 답 8 번

5
어느 승강기는 최대 799 kg까지 탈 수 있습니다. 승강기에 무게가 40 kg인 상자를 싣는다면, 몇 개까지 실을 수 있을까요?
식 $799 \div 40 = 19 \cdots 39$ 답 19 개

6
관광객 295명이 보트를 타기 위해 기다리고 있습니다. 보트 한 척에 15명이 탈 수 있을 때, 관광객을 빠짐없이 모두 태우려면 보트는 적어도 몇 척이 필요할까요?
식 $295 \div 15 = 19 \cdots 10$ 답 20 척

134 나눗셈 2   6. 두 자리 수로 나누기 135

135쪽

1
$$24)\overline{151}$$
$$\underline{144}$$
$$7$$
→ 연필 24자루씩 필통 6개에 담고, 7자루가 남음

→ 연필을 빠짐없이 모두 담아야 하므로 남은 7자루를 넣을 필통이 1개 더 필요함

➡ 필요한 필통: 6+1=7(개)

2
$$62)\overline{349}$$
$$\underline{310}$$
$$39$$
→ 62명씩 태워서 5번 운행하고 39명이 남음

→ 모두 빠짐없이 타야 하므로 남은 39명을 태우고 1번 더 운행해야 함

➡ 운행 횟수: 5+1=6(번)

3
$$41)\overline{508}$$
$$\underline{41}$$
$$98$$
$$\underline{82}$$
$$16$$
→ 41 cm짜리 리본을 12개 만들고, 끈 16 cm가 남음

→ 남은 16 cm로는 리본을 만들 수 없음

➡ 만들 수 있는 리본: 12개

4
$$55)\overline{406}$$
$$\underline{385}$$
$$21$$
→ 연탄 55장씩 수레에 담아 7번 나르고, 21장이 남음

→ 연탄을 빠짐없이 모두 날라야 하므로 남은 21장을 수레에 담고 1번 더 날라야 함

➡ 나르는 횟수: 7+1=8(번)

5
$$40)\overline{799}$$
$$\underline{40}$$
$$399$$
$$\underline{360}$$
$$39$$
→ 승강기에 40 kg짜리 상자를 19개 싣고, 39 kg을 더 실을 수 있음

→ 39 kg은 40 kg인 상자를 싣기에 부족함

➡ 실을 수 있는 상자: 19개

6
$$15)\overline{295}$$
$$\underline{15}$$
$$145$$
$$\underline{135}$$
$$10$$
→ 보트 1척에 15명씩 19척에 타고 10명이 남음

→ 보트에 빠짐없이 모두 타야 하므로 남은 10명을 태울 보트가 1척 더 필요함

➡ 필요한 보트: 19+1=20(척)

40 나눗셈 2

지금까지 두 자리 수로 나누기에 대해 살펴보았습니다.
얼마나 제대로 이해했는지 확인해 봅시다.

✅ 단원 마무리

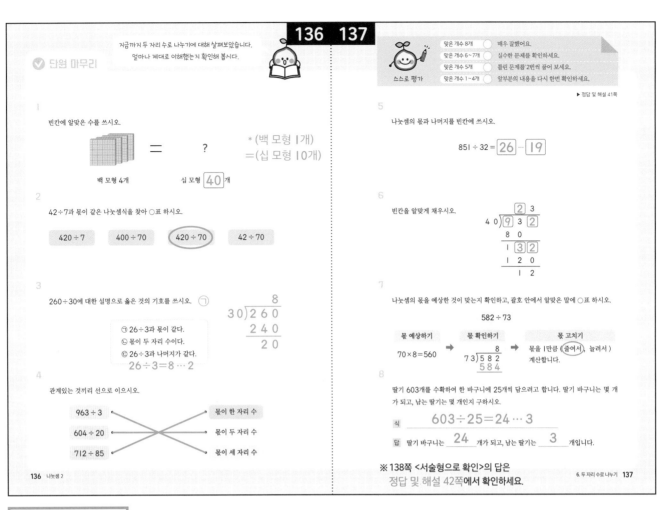

맞은 개수 8개	◯ 매우 잘했어요.
맞은 개수 6~7개	◯ 실수한 문제를 확인하세요.
맞은 개수 5개	◯ 틀린 문제를 2번씩 풀어 보세요.
맞은 개수 1~4개	◯ 앞부분의 내용을 다시 한번 확인하세요.

스스로 평가

▶ 정답 및 해설 41쪽

1

빈칸에 알맞은 수를 쓰시오.

= ?

*(백 모형 1개)
=(십 모형 10개)

백 모형 4개   십 모형 [40]개

2

42÷7과 몫이 같은 나눗셈식을 찾아 ◯표 하시오.

420÷7   400÷70   (420÷70)   42÷70

3

260÷30에 대한 설명으로 옳은 것의 기호를 쓰시오. ⓒ

```
      8
30)260
    240
     20
```

㉠ 26÷3과 몫이 같다.
㉡ 몫이 두 자리 수이다.
㉢ 26÷3과 나머지가 같다.
26÷3=8 … 2

4

관계있는 것끼리 선으로 이으시오.

963÷3 ─── 몫이 한 자리 수
604÷20 ─── 몫이 두 자리 수
712÷85 ─── 몫이 세 자리 수

136 나눗셈 2

5

나눗셈의 몫과 나머지를 빈칸에 쓰시오.

851÷32 = [26] … [19]

6

빈칸을 알맞게 채우시오.

```
        [2] 3
40)9 3 [2]
    8 0
  [1][3][2]
  1 2 0
      1 2
```

7

나눗셈의 몫을 예상한 것이 맞는지 확인하고, 괄호 안에서 알맞은 말에 ◯표 하시오.

582÷73

몫 예상하기 → 몫 확인하기 → 몫 고치기
70×8=560
```
      8
73)5 8 2
  5 8 4
```
→ 몫을 1만큼 (줄여서), 늘려서)
계산합니다.

8

딸기 603개를 수확하여 한 바구니에 25개씩 담으려고 합니다. 딸기 바구니는 몇 개가 되고, 남는 딸기는 몇 개인지 구하시오.

식   603÷25=24 … 3

답   딸기 바구니는 ___24___ 개가 되고, 남는 딸기는 ___3___ 개입니다.

※ 138쪽 <서술형으로 확인>의 답은
정답 및 해설 42쪽에서 확인하세요.

6. 두 자리 수로 나누기 137

정답 및 해설

136~137쪽

4

3) 9 6 3
3은 9 안에
들어감

→ 몫은 세 자리 수

20) 6 0 4
20은 60 안에
들어감

→ 몫은 두 자리 수

85) 7 1 2
85는 71 안에
못 들어감

→ 몫은 한 자리 수

5

```
       2 6
32)8 5 1
   6 4
   2 1 1
   1 9 2
       1 9
```

8

```
      2 4
25)6 0 3
   5 0
   1 0 3
   1 0 0
       3
```

4. 세로로 계산하는 나눗셈

5. (세 자리 수) ÷ (한 자리 수)

48 84

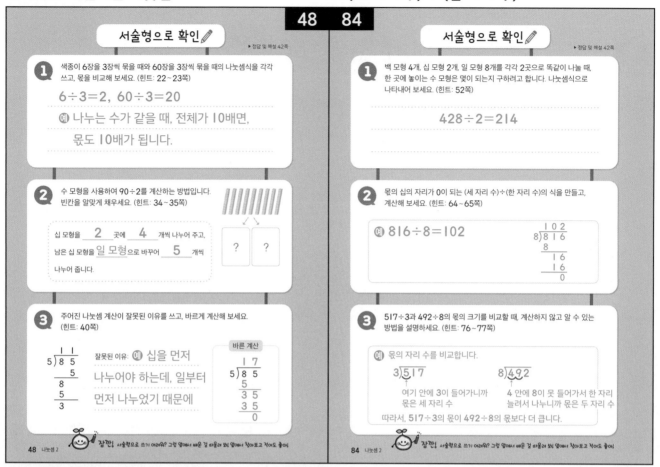

서술형으로 확인 ✏️
▶ 정답 및 해설 42쪽

① 색종이 6장을 3장씩 묶을 때와 60장을 3장씩 묶을 때의 나눗셈식을 각각 쓰고, 몫을 비교해 보세요. (힌트: 22~23쪽)

$6÷3=2, 60÷3=20$

예 나누는 수가 같을 때, 전체가 10배면, 몫도 10배가 됩니다.

② 수 모형을 사용하여 90÷2를 계산하는 방법입니다. 빈칸을 알맞게 채우세요. (힌트: 34~35쪽)

십 모형을 **2** 곳에 **4** 개씩 나누어 주고, 남은 십 모형을 일 모형으로 바꾸어 **5** 개씩 나누어 줍니다.

③ 주어진 나눗셈 계산이 잘못된 이유를 쓰고, 바르게 계산해 보세요. (힌트: 40쪽)

잘못된 이유: **예** 십을 먼저 나누어야 하는데, 일부터 먼저 나누었기 때문에

바른 계산

잠깐! 서술형으로 쓰기 어려워? 그럼 앞에서 배운 걸 떠올려 뭐! 앞에서 찾아보고 적어도 좋아.

48 나눗셈 2

서술형으로 확인 ✏️
▶ 정답 및 해설 42쪽

① 백 모형 4개, 십 모형 2개, 일 모형 8개를 각각 2곳에 똑같이 나눌 때, 한 곳에 놓이는 수 모형은 몇이 되는지 구하려고 합니다. 나눗셈식으로 나타내어 보세요. (힌트: 52쪽)

$428÷2=214$

② 몫의 십의 자리가 0이 되는 (세 자리 수)÷(한 자리 수)의 식을 만들고, 계산해 보세요. (힌트: 64~65쪽)

예 $816÷8=102$

③ 517÷3과 492÷8의 몫의 크기를 비교할 때, 계산하지 않고 알 수 있는 방법을 설명하세요. (힌트: 76~77쪽)

예 몫의 자리 수를 비교합니다.

여기 안에 3이 들어가니까 몫은 세 자리 수

4 안에 8이 못 들어가서 한 자리 늘려서 나누니까 몫은 두 자리 수

따라서, 517÷3의 몫이 492÷8의 몫보다 더 큽니다.

잠깐! 서술형으로 쓰기 어려워? 그럼 앞에서 배운 걸 떠올려 뭐! 앞에서 찾아보고 적어도 좋아.

84 나눗셈 2

6. 두 자리 수로 나누기

138

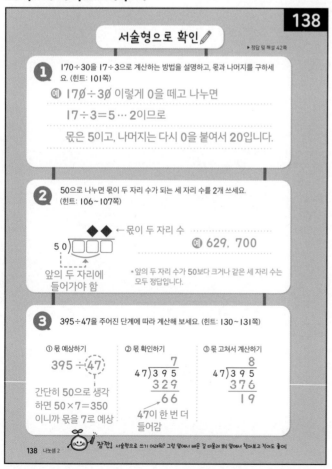

서술형으로 확인 ✏️
▶ 정답 및 해설 42쪽

① 170÷30을 17÷3으로 계산하는 방법을 설명하고, 몫과 나머지를 구하세요. (힌트: 101쪽)

예 17Ø÷3Ø 이렇게 0을 떼고 나누면

$17÷3=5 … 2$이므로

몫은 5이고, 나머지는 다시 0을 붙여서 20입니다.

② 50으로 나누면 몫이 두 자리 수가 되는 세 자리 수를 2개 쓰세요. (힌트: 106~107쪽)

◆◆ ←몫이 두 자리 수

예 629, 700

앞의 두 자리에 들어가야 함

*앞의 두 자리 수가 50보다 크거나 같은 세 자리 수는 모두 정답입니다.

③ 395÷47을 주어진 단계에 따라 계산해 보세요. (힌트: 130~131쪽)

① 몫 예상하기

$395 ÷ 47$

간단히 50으로 생각 하면 50×7=350 이니까 몫을 7로 예상

② 몫 확인하기

47이 한 번 더 들어감

③ 몫 고쳐서 계산하기

잠깐! 서술형으로 쓰기 어려워? 그럼 앞에서 배운 걸 떠올려 뭐! 앞에서 찾아보고 적어도 좋아.

138 나눗셈 2

✅ 총·정·리·문·제　140　141

1 67÷9를 세로셈으로 계산해 보세요.

```
      7
  9 ) 6 7
      6 3
        4
```

2 주어진 수 모형을 3곳으로 똑같이 나누면 한 곳에 놓는 수 모형은 몇이 되는지 빈칸을 알 맞게 채우세요.

◉ 십 모형 [3] 개
　일 모형 [1] 개

3 몫이 15인 나눗셈식을 모두 찾아 ○표 하세요.

```
 70÷5    (60÷4)
(90÷6)    50÷2
```

4 관계있는 것끼리 선으로 이으세요.

48÷6 ── 350÷70
35÷7 ── 540÷90
54÷9 ── 480÷60

5 계산을 하고, 확인하는 식을 쓰세요.

```
      1 2
  7 ) 8 9
      7
      1 9
      1 4
        5
```

◉ 확인하는 식:
7×12=84,
84+5=89

6 계산 결과를 비교하여 ○ 안에 >, =, <를 알 맞게 쓰세요.

60÷3 (=) 80÷4
=20　　=20

7 나눗셈의 몫이 다른 하나를 찾아 기호를 쓰 세요.

212=ㄱ 636÷3　ㄴ 424÷2=212
212=ㄷ 848÷4　ㄹ 969÷3=323

◉ _____ ㄹ _____

8 귤 365개를 4상자에 똑같이 나누어 담으려 고 합니다. 한 상자에 몇 개씩 담을 수 있고, 남는 귤은 몇 개일까요?

◉ ___91___ 개,
남는 귤 __1__ 개

9 계산해 보세요.

(1) 283÷6=47 ··· 1

(2)
```
      1 0 2
  5 ) 5 1 4
      5
      1 4
      1 0
        4
```

10 몫의 크기가 큰 순서대로 괄호 안에 1. 2. 3 을 쓰세요.

몫: 4 · 나머지: 2 · 94÷23 (3)
몫: 5 · 85÷17 (2)
몫: 6 · 나머지: 5 · 77÷12 (1)

140~141쪽

3
```
      1 4
  5 ) 7 0
      5
      2 0
      2 0
        0
```
```
      1 5
  4 ) 6 0
      4
      2 0
      2 0
        0
```
```
      1 5
  6 ) 9 0
      6
      3 0
      3 0
        0
```
```
      2 5
  2 ) 5 0
      4
      1 0
      1 0
        0
```

7
ㄱ
```
      2 1 2
  3 ) 6 3 6
```
ㄴ
```
      2 1 2
  2 ) 4 2 4
```
ㄷ
```
      2 1 2
  4 ) 8 4 8
```
ㄹ
```
      3 2 3
  3 ) 9 6 9
```

8
```
      9 1
  4 ) 3 6 5
      3 6
        5
        4
        1
```

9 (1)
```
      4 7
  6 ) 2 8 3
      2 4
      4 3
      4 2
        1
```

10
```
        4
  2 3 ) 9 4
        9 2
          2
```
```
        5
  1 7 ) 8 5
        8 5
          0
```
```
        6
  1 2 ) 7 7
        7 2
          5
```

142쪽

11　수연　　　　아인

$$14\overline{)76}$$
$$\underline{70}$$
$$6$$
몫 5

$$12\overline{)69}$$
$$\underline{60}$$
$$9$$
몫 5

12

$$24\overline{)159}$$
$$\underline{144}$$
$$15$$
몫 6

13

$$3\overline{)975}$$
몫 325
$$\underline{9}$$
$$7$$
$$\underline{6}$$
$$15$$
$$\underline{15}$$
$$0$$

$$25\overline{)325}$$
몫 13
$$\underline{25}$$
$$75$$
$$\underline{75}$$
$$0$$

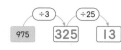

11 계산 결과가 틀린 사람의 이름을 쓰고, 바르게 계산해 보세요.

| 수연 | $76 \div 14 = 4 \cdots 20$ |
| 아인 | $69 \div 12 = 5 \cdots 9$ |

이름: 수연

바르게 계산한 식:
$76 \div 14 = 5 \cdots 6$

12 나눗셈의 몫과 나머지를 구하세요.
$$159 \div 24$$
몫: 6　나머지: 15

13 빈칸을 알맞게 채우세요.
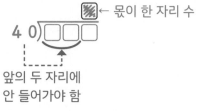

14 몫이 몇 자리 수인지 보고, ? 에 공통으로 들어갈 수 있는 수 카드를 찾아 ○표 하세요.

270　(350)　400

15 주어진 나눗셈식에 대한 설명으로 옳은 것은 몇 개인지 구하세요.
$$460 \div 50$$

㉠ $46 \div 5$와 몫이 같습니다. (○)
㉡ $46 \div 5$와 나머지가 같습니다. (✕)
㉢ $460 \div 5$와 몫이 같습니다. (✕)
㉣ 나누어떨어지는 나눗셈입니다. (✕)

1 개

14

←몫이 한 자리 수

$40\overline{)\square\square\square}$
앞의 두 자리에 안 들어가야 함

←몫이 두 자리 수

$30\overline{)\square\square\square}$
앞의 두 자리에 들어가야 함

$40\overline{)270}$　$40\overline{)350}$　$40\overline{)400}$
못 들어감　못 들어감　**들어감**
➡ 가능한 수: 270, 350

$30\overline{)270}$　$30\overline{)350}$　$30\overline{)400}$
못 들어감　들어감　들어감
➡ 가능한 수: 350, 400

 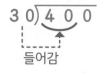

따라서 공통으로 들어갈 수 있는 수는 **350**

15　㉠, ㉡, ㉣　　　　㉢

$$46 \div 5 = 9 \cdots 1$$

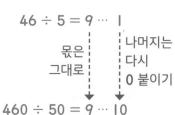

몫은 그대로　　나머지는 다시 0 붙이기

$$460 \div 50 = 9 \cdots 10$$

$$5\overline{)460}$$
몫 92
$$\underline{45}$$
$$10$$
$$\underline{10}$$
$$0$$

16

가장 큰 수: 513
가장 작은 수: 7 ➡

```
    7 3
7)5 1 3
  4 9
    2 3
    2 1
      2
```

17 몫이 두 자리 수가 되려면

□가 6에
못 들어가서

이렇게 한 자리
늘려서 나누어야 함

→ 따라서 □에 6보다 큰 7, 8, 9를 넣어서
나누어떨어지는 나눗셈식이 되는지 확인하기

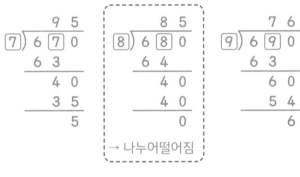

```
    9 5          8 5          7 6
7)6 7 0      8)6 8 0      9)6 9 0
  6 3          6 4          6 3
    4 0          4 0          6 0
    3 5          4 0          5 4
      5            0            6
              → 나누어떨어짐
```

➡ 따라서 빈칸에 들어가는 숫자는 8

18 소풍을 가는 전체 사람 수
→ 149+147+12=308(명)

308명을 한 버스에 45명씩 태우기
→ 308÷45

```
      6
45)3 0 8
  2 7 0
    3 8
```

→ 버스 한 대에 45명씩 타면 6대가 되고 38명이
남음

빠짐없이 모두 타야 하므로
남은 38명을 태울 버스가 1대 더 필요함

➡ 필요한 버스: 6+1=7(대)

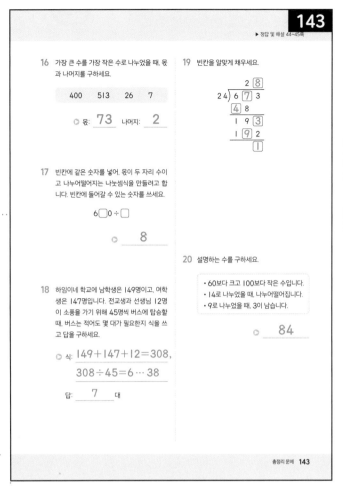

16 가장 큰 수를 가장 작은 수로 나누었을 때, 몫
과 나머지를 구하세요.

| 400 | 513 | 26 | 7 |

몫: __73__   나머지: __2__

17 빈칸에 같은 숫자를 넣어, 몫이 두 자리 수이
고 나누어떨어지는 나눗셈식을 만들려고 합
니다. 빈칸에 들어갈 수 있는 숫자를 쓰세요.

6□0÷□

__8__

18 하임이네 학교에 남학생이 149명이고, 여학
생은 147명입니다. 전교생과 선생님 12명
이 소풍을 가기 위해 45명씩 버스에 탑승할
때, 버스는 적어도 몇 대가 필요한지 식을 쓰
고 답을 구하세요.

식: 149+147+12=308,
308÷45=6···38

답: __7__ 대

19 빈칸을 알맞게 채우세요.

```
      2 8
24)6 7 3
  4 8
  1 9 3
  1 9 2
      1
```

20 설명하는 수를 구하세요.

• 60보다 크고 100보다 작은 수입니다.
• 14로 나누었을 때, 나누어떨어집니다.
• 9로 나누었을 때, 3이 남습니다.

__84__

20 어떤 수가 14로 나누어떨어지려면

```
    몫
14)어떤 수    곱해서
  어떤 수      쓰기
    0
```

14×(몫)=(어떤 수)가 되어야 함

그런 수 중에서 60보다 크고 100보다 작은 수는

```
14 × 4 = 56
14 × 5 = 70
14 × 6 = 84   → 70, 84, 98
14 × 7 = 98
14 × 8 = 112
```

70, 84, 98을 각각 9로 나누어
나머지가 3이 되는지 확인하기

```
    7              9            1 0
9)7 0          9)8 4        9)9 8
  6 3            8 1          9 0
    7              3            8
              → 나머지 3
```

➡ 따라서 설명에 알맞은 수는 84

MEMO

MEMO

MEMO

교육 R&D에 앞서가는
Key 키출판사

초등수학 ②
나눗셈

수학의 재미를 발견하다!

이제 키출판사 **수학 시리즈**로 확실하게 **개념** 잡고, **수학** 잡으세요!